五年制高等职业教育公共基础课程学习用书

WULI
XUEXI
ZHIDAO
YONGSHU

物理学习指导用书
电子信息类

物理编写组 编

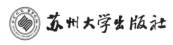

图书在版编目(CIP)数据

物理学习指导用书：电子信息类/物理编写组编；
陆建隆主编. --苏州：苏州大学出版社，2024.7.
ISBN 978-7-5672-4845-8

Ⅰ.O4

中国国家版本馆 CIP 数据核字第 2024JP8986 号

书　　名：	物理学习指导用书（电子信息类）
编　　者：	物理编写组
主　　编：	陆建隆
责任编辑：	征　慧
助理编辑：	王　叶
装帧设计：	吴　钰
出版发行：	苏州大学出版社（Soochow University Press）
社　　址：	苏州市十梓街1号　邮编：215006
印　　装：	丹阳兴华印务有限公司
网　　址：	www.sudapress.com
邮　　箱：	sdcbs@suda.edu.cn
邮购热线：	0512-67480030
销售热线：	0512-67481020
开　　本：	890 mm×1 240 mm　1/16　印张：12　字数：256千
版　　次：	2024年7月第1版
印　　次：	2024年7月第1次印刷
书　　号：	ISBN 978-7-5672-4845-8
定　　价：	38.00元

凡购本社图书发现印装错误，请与本社联系调换。服务热线：0512-67481020

前 言

2023年8月,江苏省教育厅正式颁布了《五年制高等职业教育物理课程标准(2023年)》(以下简称课程标准)。依据该课程标准,江苏联合职业技术学院(以下简称联院)组织编写了五年制高等职业教育物理系列教材,分别为《物理(通用类)》、《物理(机械建筑类)》、《物理(电子信息类)》和《物理(医药卫生类)》。为有利于师生落实立德树人根本任务、用好该教材,联院又组织编写了与五年制高等职业教育物理系列教材配套的物理学习指导用书。

本套学习指导用书以创造性思维和系统化的视角,着重介绍学习过程中需要发展的核心素养、需要理解的核心内容,并配套有相应的例题与习题,旨在帮助学生消除学习困惑,突破学习瓶颈,发展学科素养,最终达到育人的目的。

为便于使用,学习指导用书按照教材的章节顺序编排。除学生实验外,几乎各节都有与教材相对应的学习指导。每一节主要分为以下四个部分:

核心素养发展要求 结合与本节内容对应的课程标准的相关要求,列出本节内容涉及的重点知识、物理方法和关键能力,为教师安排教学和学生自主学习提供指导。

核心内容理解深化 选取对应章节的关键概念和规律,对其展开分析与讲述,注重知识之间的联系与拓展,帮助学生更好地梳理本节所学内容,掌握重点和难点。

学以致用与拓展 提供相关例题,并按照"分析—解答—反思与拓展"的模式分别展示分析思考过程、问题的解答过程、解题方法总结,并进行针对性反思,加深学生对核心内容的理解,为利用所学内容解决实际问题提供示范。

学科素养测评 提供与本节内容配套的习题,供学生在学完相关内容后进行自我评价,查漏补缺,注重所学知识与生活实际的联系。

在每章的最后设置有综合检测卷,供学生进一步检验学习效果,改进不足,提高解决实际问题的能力。

本书在编写过程中与课程标准和教材紧密联系,重视例题的引领作用,力求规范并提高学生的解题能力;强调问题情境的真实性,激发学生的学习兴趣,鼓励学生运用物理知识解决生活中的实际问题。本书力求在课程标准的指导下,通过展示课程目标、内容归纳、例题讲解、习题和综合检测等多个环节,帮助学生在熟练掌握知识的同时,培养物理学科学习的必备能力,全方位提高物理学科核心素养,助力新时代职业教育培养综合型、创新型人才。

参与本套学习指导用书编写的人员有(按姓氏笔画排序):王巍、刘松辰、刘爱武、刘淑娟、杨凤琴、吴鸣、汪聪、张常飞、陆建隆、陈乾、陈红利、孟宪辉、胡慧青、徐盼林、高轩、谢智娟。夏张晔、张天宇、黄乐奕、孙颖、夏宇飞、吴坷科协助进行了习题资料收集等相关工作。

本书为《物理学习指导用书(电子信息类)》,由陆建隆任主编。

由于时间仓促,编者水平有限,书中难免有不当之处,恳请读者提出宝贵意见,以供再版时修订和完善。

物理编写组

2024 年 6 月

目录

第1章 匀变速直线运动 ... 1
- 第1节 运动的描述 ... 1
- 第2节 匀变速直线运动 ... 4
- 第3节 自由落体运动 ... 8
- 本章综合检测卷 ... 12

第2章 相互作用与牛顿运动定律 ... 16
- 第1节 重力 弹力 摩擦力 ... 16
- 第2节 力的合成与分解 ... 19
- 第3节 牛顿运动定律及其应用 ... 22
- 本章综合检测卷 ... 26

第3章 曲线运动 ... 29
- 第1节 曲线运动的描述 ... 29
- 第2节 运动的合成与分解 ... 32
- 第3节 抛体运动 ... 35
- 第4节 匀速圆周运动 ... 39
- 本章综合检测卷 ... 43

第4章 万有引力与航天应用 ... 47
- 第1节 开普勒行星运动定律 ... 47
- 第2节 万有引力定律 ... 50
- 第3节 宇宙速度与航天应用 ... 54
- 本章综合检测卷 ... 58

第5章 功和能 ... 63
- 第1节 功 功率 ... 63
- 第2节 动能 动能定理 ... 68
- 第3节 重力势能 弹性势能 ... 72
- 第4节 机械能守恒定律 ... 76
- 本章综合检测卷 ... 81

第6章 静电场 85
第1节 电荷 电荷守恒 85
第2节 库仑定律 电场强度 88
第3节 电势能 电势 93
第4节 静电应用与避雷技术 97
第5节 电容器 100
本章综合检测卷 104

第7章 恒定电流 107
第1节 电流 电源 电动势 107
第2节 闭合电路欧姆定律 109
第3节 电功与电功率 113
第4节 能量转化与能量守恒定律 116
本章综合检测卷 119

第8章 静磁场与磁性材料 121
第1节 磁场 磁感应强度 121
第2节 磁场对电流的作用 安培力 124
第3节 磁场对运动电荷的作用 洛伦兹力 127
第4节 磁介质 磁性材料 132
本章综合检测卷 136

第9章 电磁感应与电磁波 141
第1节 电磁感应现象 141
第2节 法拉第电磁感应定律 145
第3节 互感与自感 149
第4节 电磁场与电磁波的发射和接收 152
本章综合检测卷 156

第10章 电子元件与传感技术 159
第1节 二极管 159
第2节 光电效应 光电管 162
第3节 温度传感器及其应用 165
第4节 光电传感器及其应用 168
本章综合检测卷 172

第11章 交变电流与安全用电 176
第1节 交变电流的描述 176
第2节 三相交变电流 179
第3节 安全用电 181
本章综合检测卷 184

第1章 匀变速直线运动

第1节 运动的描述

一、核心素养发展要求

1. 知道参考系、质点、时刻、时间、位移、路程、速度、平均速度、瞬时速度等概念，并能描述生活中常见物体的运动状态。
2. 通过建构质点这一物理模型，体会物理模型在探索自然规律中的作用。
3. 了解利用数轴表示时间，通过对数形结合方法的学习，认识数学工具在物理学中的作用，培养迁移能力、推理能力和抽象思维能力。
4. 通过实验探究，了解位移、速度的测量方法，提升探究与解决问题的能力。

二、核心内容理解深化

（一）质点

质点是物理学中的理想化模型。当物体可以被看作一个只有质量而其体积、形状可以忽略不计的点时，称该物体为质点。

一个物体能否被看成质点，由问题的性质决定。当物体本身的大小和形状对所研究的问题没有影响时，可将物体看作质点。

（二）位移

物体运动时，由初位置指向末位置的有向线段称为位移。只要物体的初、末位置确定，位移就是确定的，它不因物体运动路径的改变而改变。

位移既有大小又有方向，是矢量。一般情况下，位移的大小与路程不相等；只有当物体做单向直线运动时，位移的大小才与路程相等。

（三）瞬时速度

物体在某一时刻或经过某一位置时的速度称为瞬时速度，是物体在某个时刻的速度。匀速直线运动中物体瞬时速度的大小和方向都不改变，它的瞬时速度大小与平均速度大小相等。

瞬时速度的大小或方向变化的运动是变速运动。自由下落的小球在下落过程中，虽然瞬时速度的方向不改变，但其大小不断增大，该小球做变速直线运动。而内燃机里的活塞在往返运动中，瞬时速度的大小和方向都在改变，活塞做比较复杂的变速运动。

三、学以致用与拓展

例1 关于位移和路程，下列四位同学的说法是否正确？如果不正确，错在哪里？

同学甲：位移和路程在大小上总相等，只是位移有方向、是矢量，路程无方向、是标量。

同学乙：位移用来描述直线运动，路程用来描述曲线运动。

同学丙：位移是矢量，它取决于物体的始末位置；路程是标量，它取决于物体实际通过的路线。

同学丁：其实，位移和路程是一回事。

分析 位移可用从物体运动的起点指向终点的有向线段表示，线段的长度表示位移的大小，箭头的方向表示位移的方向。位移是矢量。

路程可用物体运动过程中的轨迹表示。轨迹的长度就是路程的大小，没有方向。路程是标量。

解 同学甲的说法错误。如果是单向的直线运动，位移的大小和路程始终相等，除此以外不存在相等的情况。

同学乙的说法错误。位移和路程都可以用来描述任何一种运动。位移描述的是物体运动位置的变化，是始末位置之间的关系；路程描述的是从一个点到达下一个点经过的路径长度。二者完全是两种概念。

同学丙的说法正确。

同学丁的说法错误。

反思与拓展 位移是矢量，路程是标量。位移描述的是始末位置之间的关系，路程描述的是从初位置到达末位置的过程。二者无论是数学意义还是物理意义都不相同。

例2 一个做变速直线运动的质点，通过连续相等的位移（$s_1=s_2=s$）时，平均速度分别为 $\bar{v}_1$ 和 $\bar{v}_2$，求它在 s_1+s_2 这段位移上的平均速度 $\bar{v}$。

分析 设通过 s_1、s_2 这两段位移所用的时间分别为 t_1 和 t_2，根据平均速度的定义可求解。

解 $\bar{v}=\dfrac{s_1+s_2}{t_1+t_2}=\dfrac{2s}{t_1+t_2}=\dfrac{2}{\dfrac{t_1}{s}+\dfrac{t_2}{s}}=\dfrac{2\bar{v}_1\bar{v}_2}{\bar{v}_1+\bar{v}_2}$

反思与拓展 同学们很熟悉的一种求平均运算的方法是两数相加除以2。通过例2可以看出，对于不同的物理条件求平均运算的方法是不同的。

四、学科素养测评

1. 用圆规画圆，笔尖绕圆心转一周的位移为_____，路程为_____。在这一过程中，笔尖的最大位移为_____。（设圆的半径为 R）

2. 从第 1 s 初到第 2 s 末经过的时间为_____，从第 1 s 末到第 2 s 初经过的时间为_____。

3. 一块石头从高空落下，在第 1 s 内下落 4.9 m，第 2 s 内下落 14.7 m，第 3 s 内下落 24.5 m，则前 2 s 内的平均速度为_____，后 2 s 内的平均速度为_____，第 3 s 内的平均速度为_____，3 s 内的平均速度为_____。

4. 2022 年北京冬奥会上，中国队以 9 金 4 银 2 铜的成绩取得中国参加冬奥会以来历史最佳。下列几种冬奥会项目中，可将研究对象看成质点的是（　　）

　　A. 研究速度滑冰运动员滑冰的快慢　　B. 研究自由滑雪运动员的空中姿态
　　C. 研究单板滑雪运动员的空中转体　　D. 研究花样滑冰运动员的花样动作

5. 如图 1.1.1 所示，物体沿两个半径均为 R 的半圆弧由 A 运动到 C，则它的位移和路程分别是（　　）

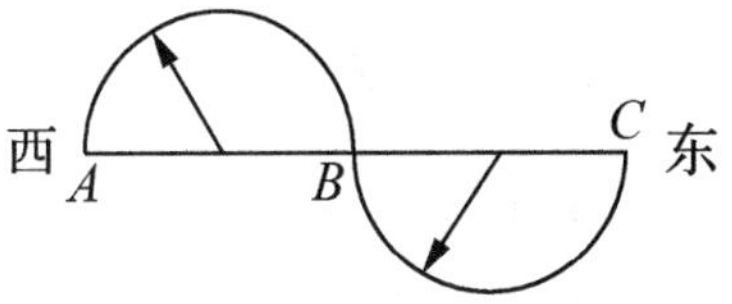

　　A. 0；0
　　B. $4R$，向西；$2\pi R$，向东
　　C. $4\pi R$，向东；$4R$
　　D. $4R$，向东；$2\pi R$

图 1.1.1

6. 空中加油机向受油机实施空中加油时，加油机和受油机（　　）

　　A. 只要运动方向相同　　B. 只要运动快慢相同
　　C. 运动快慢和方向必须都相同　　D. 必须都做直线运动

7. 某物体做变速直线运动，已知它在前一半路程的速度为 4 m/s，后一半路程的速度为 6 m/s，那么它在整个路程中的平均速度是（　　）

　　A. 4 m/s　　B. 4.8 m/s　　C. 5 m/s　　D. 6 m/s

8. 甲、乙两车都在同一条平直公路上匀速行驶，甲车的速度大小为 20 m/s，乙车的速度大小为 15 m/s。问：

(1) 若甲车和乙车的速度方向都向西，以甲车为参照物，乙车应向哪个方向运动？速度为多大？

(2) 若甲车的速度方向向西，乙车的速度方向向东，以乙车为参照物，甲车应向哪个方向运动？速度为多大？

第 2 节　匀变速直线运动

一、核心素养发展要求

1. 体验加速度概念提出的科学探究过程，经历从生活中的事例提炼物理概念的过程，体会用比值法定义物理量在科学探究中的作用。

2. 掌握匀变速直线运动的概念。能用图像描述匀变速直线运动，理解匀变速直线运动的规律，能运用匀变速直线运动公式解决实际问题。

二、核心内容理解深化

（一）加速度

加速度是矢量，求解加速度需要求加速度的大小和方向。在运用加速度的定义式前，需要选定正方向（一般选初速度方向为正方向），以此确定初速度与末速度的正负。加速度值的正负表示方向。若加速度为正值，表示加速度方向与选定的正方向相同，代入正值计算；若加速度为负值，表示加速度方向与选定的正方向相反，代入负值计算。

以初速度 v_0 为参考方向（正方向）时：若物体做加速运动，$v_t > v_0$，则 $a > 0$，a 与 v_0 方向相同；若物体做减速运动，$v_t < v_0$，则 $a < 0$，a 与 v_0 方向相反。

加速度的大小是速度变化的大小（而不是速度的大小）对时间求平均值，因而加速度表示速度变化的快慢，也称为速度变化率。例如，加速度 $a = 5 \text{ m/s}^2$，可理解为 $\frac{5 \text{ m/s}}{\text{s}}$，即每秒内速度增加 5 m/s。

（二）匀变速直线运动

（1）如果做直线运动的物体，在相等的时间内速度变化量相等，物体做匀变速直线运动，匀变速直线运动的加速度是常量；非匀变速直线运动的加速度不是常量，在相等的时间内速度变化量不相等。

（2）匀变速直线运动的速度公式 $v_t = v_0 + at$ 能简洁地描述自然规律，匀变速直线运动的 $v\text{-}t$ 图像则能直观地描述自然规律。利用匀变速直线运动的速度公式和 $v\text{-}t$ 图像，都可求出物体的速度、运动时间和加速度等。

(3) 匀变速直线运动公式：

$$v_t = v_0 + at$$

$$s = v_0 t + \frac{1}{2}at^2$$

$$v_t^2 = v_0^2 + 2as$$

$$s = \bar{v}t = \frac{v_0 + v_t}{2}t$$

在选用关系式时，首先看问题情境中有哪些已知量与未知量，再看这些量出现在哪个关系式中，最后确定所用的关系式。这是解决该类问题比较便捷的方法。运用公式时，要注意速度、加速度与位移的方向，由此确定代入数据的正负号。

三、学以致用与拓展

例1 A、B两辆汽车沿同一车道、同向匀速行驶，A车在前面以 8 m/s 的速度前进，B车在后面以 16 m/s 的速度追赶 A 车。当 B 车与 A 车之间的距离为 16 m 时，为避免相撞，B 车开始做减速运动，求 B 车加速度的最小值。

分析 当 B 车与 A 车之间的距离为 16 m 时，B 车在 A 车后做匀减速直线运动，直至经过相同的时间，两车到达同一位置相遇，瞬时速度相等且两车不相撞，达到这种状态 B 车的加速度就是最小加速度。

解 利用公式 $s = \bar{v}t = \frac{v_0 + v_t}{2}t$ 可得 B 车的路程为

$$s_B = \frac{v_B + v_B'}{2}t = v_A t + S_{AB}$$

将 $S_{AB} = 16$ m，$v_B = 16$ m/s 和 $v_B' = v_A = 8$ m/s 代入上式，解得 $t = 4$ s。由 $v_t = v_0 + at$ 得

$$a = \frac{v_B' - v_B}{t} = \frac{8 - 16}{4} \text{ m/s}^2 = -2 \text{ m/s}^2$$

反思与拓展

本题还可以用速度-时间图像来求解。图 1.2.1 中画出了以 B 车与 A 车之间的距离是 16 m 时为起始时间，A 车和 B 车的速度-时间图像，两车的速度-时间图像的交点表示：① 经过时间 t，两车的瞬时速度相等；② 经过时间 t，B 车速度-时间图像下的面积比 A 车速度-时间图像下的面积多 16（B 车比 A 车多走 16 m，两车才会相遇）。

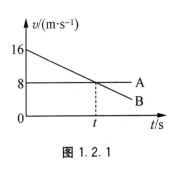

图 1.2.1

面积差为 $S_B - S_A = 16$，解得 $t = 4$ s，再利用 $v_t = v_0 + at$ 求出 $a = \frac{v_B' - v_B}{t} = -2$ m/s^2。

例2 一小车的刹车过程可视为匀变速直线运动,它的速度方程为 $v_t = v_0 + at$,其中 $v_0 = 6$ m/s, $a = -2$ m/s²。求:

(1) 小车的初速度、加速度;

(2) 第 2 s 末小车的速度;

(3) 小车在 4 s 内的位移。

分析 对比匀变速直线运动公式 $v_t = v_0 + at$,可得到小车的初速度、加速度以及第 2 s 末小车的速度;计算小车在 4 s 内的位移时,要考虑实际情况。

解 (1) 与匀变速直线运动公式 $v_t = v_0 + at$ 对比,可得到

$$v_0 = 6 \text{ m/s}, \quad a = -2 \text{ m/s}^2$$

(2) 第 2 s 末小车的速度为

$$v_2 = (6 - 2 \times 2) \text{ m/s} = 2 \text{ m/s}$$

(3) 因为小车的加速度 $a = -2$ m/s²,即每经过 1 s 速度就要减小 2 m/s,所以小车以 $v_0 = 6$ m/s 的初速度运动时,经过 3 s 速度就要减小为零,即小车运动的时间 $t = 3$ s,小车在 4 s 内的位移就等于前 3 s 内的位移,第 4 s 小车静止不动。

因此,小车在 4 s 内的位移为

$$s_4 = v_0 t + \frac{1}{2} a t^2 = \left[6 \times 3 + \frac{1}{2} \times (-2) \times 3^2 \right] \text{m} = 9 \text{ m}$$

反思与拓展 在求解实际问题时,应考虑过程和结论是否符合实际情况。

四、学科素养测评

1. 将小球从地面上 A 点沿竖直方向向上抛出,上升到最高点 B,然后又落回 A 点。小球从 A 点向 B 点运动的过程中,速度方向_____,加速度方向_____。小球从 B 点向 A 点运动的过程中,速度方向_____,加速度方向_____。

2. 汽车在平直公路上以 10 m/s 的速度做匀速直线运动,发现前面有情况后刹车,刹车过程中汽车的加速度大小是 2 m/s²,则汽车刹车经 3 s 时的速度大小为_____m/s,经 5 s 时的速度大小为_____m/s,经 10 s 时的速度大小为_____m/s。

3. 做直线运动的物体,只要它的加速度不为零,则(　　)

　A. 它的速度一定会增大　　　　B. 它的速度一定会减小

　C. 它的速度一定会改变　　　　D. 它的平均速度不会改变

4. 下列各加速度最大的是(　　)

　A. 5 m/s²　　　　　　　　　　B. -5 m/s²

　C. 6 m/s²　　　　　　　　　　D. -7 m/s²

5. 在平直公路上，以 2 m/s 匀速行驶的自行车与以 10 m/s 匀速行驶的一辆汽车同向行驶，某时刻两车同时经过 A 点，此后汽车以 $a=0.5$ m/s^2 开始减速，问：经过多长时间自行车将追上汽车？

6. 战斗机翼展较短，因而需要较大的起飞速度，才能产生较大的升力。某型号战斗机的起飞速度为 180 km/h，最大加速度能达到 5.0 m/s^2。一艘航空母舰，为了使该型号战斗机能在甲板跑道上滑行 100 m 后升空，舰上的助飞弹射装置必须使战斗机在跑道始端具有多大的初速度？

7. 交通警察设卡堵截肇事汽车，当发现该车以 70 km/h 的速度冲卡时，立即启动警车从静止开始以 5.0 m/s^2 的加速度追赶，试计算警车行驶多远才能追上该车。

第3节 自由落体运动

一、核心素养发展要求

1. 理解自由落体运动的概念,掌握自由落体运动的规律,理解匀变速直线运动的规律和自由落体运动规律之间的联系,并能运用其解决简单的实际问题。
2. 了解伽利略研究自由落体运动的实验过程,体会伽利略有关实验的科学思想和方法。
3. 通过牛顿管实验,观察不同质量、形状、大小的物体在空气和真空中下落时的现象,进一步理解自由落体运动的条件。
4. 利用自由落体运动公式计算物体下落的速度,进一步了解高空抛物的危害,发展实验观察、社会责任等物理学科核心素养。

二、核心内容理解深化

(一) 自由落体运动

物体只在重力作用下从静止开始下落的运动称为自由落体运动。对于一个物体,当其以初速度为零下落时,如果其受到的空气阻力比重力小很多,该物体的运动可近似看成自由落体运动。物体做自由落体运动的加速度可取 $a=g=9.8 \text{ m/s}^2 \approx 10 \text{ m/s}^2$。

在自由落体运动中,物体的瞬时速度、下落高度满足如下规律:

$$v_t = gt$$
$$h = \frac{1}{2}gt^2$$
$$v_t^2 = 2gh$$

三、学以致用与拓展

例1 物体做自由落体运动到达地面之前最后 1 s 内的位移是物体做自由落体运动全部位移 h 的 $\frac{9}{25}$,如图 1.3.1 所示,求物体自由下落的全部时间 t。

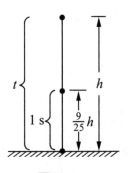

图 1.3.1

分析 解决匀变速直线运动问题需要三个已知条件。因为物体做自由落体运动,已具备了 $v_0=0$ 和 $a=g$ 这两个条件,所以只需再找出一个已知条件即可。本题给出的是一个关联条件,宜联立方程求解含有关联条件的问题。

解 如图 1.3.1 所示，最后 1 s 内的位移是全部位移的 $\frac{9}{25}$，则（$t-1$ s）时间内的位移是 $\frac{16}{25}h$，可列出方程组

$$\begin{cases} h = \frac{1}{2}gt^2 \\ \frac{16}{25}h = \frac{1}{2}g(t-1\text{ s})^2 \end{cases}$$

两式相除，消去 h，即可求得 $t=5$ s。物体自由下落的全部时间为 5 s。

反思与拓展 由位移公式 $h=\frac{1}{2}gt^2$，可以看出做自由落体运动的物体的下落时间只与高度有关，只要知道下落高度就能求出下落时间。

例 2 小明在一次大雨后，对自家屋檐滴下的水滴进行观察，发现基本上每滴水从屋檐落到地面的时间为 1.5 s，他由此估算出自家屋檐的高度和水滴落地前瞬间的速度。你知道小明是怎样估算的吗？

分析 粗略估算时，将水滴下落看成是自由落体运动，取 $g=10$ m/s^2，由自由落体运动的规律可求得高度及落地速度。

解 设水滴落地时的速度为 v_t，屋檐的高度为 h，则

$$v_t = gt = 10 \times 1.5 \text{ m/s} = 15 \text{ m/s}$$

$$h = \frac{1}{2}gt^2 = \frac{1}{2} \times 10 \times 1.5^2 \text{ m} = 11.25 \text{ m}$$

所以小明家屋檐的大概高度为 11.25 m，水滴落地前瞬间的速度为 15 m/s。

反思与拓展 学习物理理论是为了指导实践，所以在学习中要注重理论联系实际。分析问题要从实际出发，应具体分析各种因素是否对结果产生影响。

四、学科素养测评

1. 做自由落体运动的物体到达地面的速度是 40 m/s，这个物体是从_____高处落下的。（取 $g=10$ m/s^2）

2. 一物体从 4.9 m 高的地方自由下落，则它经过_____时间落地，它落到地面时的速度是_____。

3. 关于物体的运动是否为自由落体运动，下列说法正确的是（　　）

A. 重力大的物体自由下落的过程，可以看成自由落体运动

B. 只有很小的物体在空中下落的过程才可看成自由落体运动

C. 在忽略空气阻力的情况下，任何物体在下落时都为自由落体运动

D. 忽略空气阻力且物体从静止开始下落的运动为自由落体运动

4. 甲物体的重力是乙物体的 3 倍，它们从同一高度处同时自由下落（忽略空气阻力），则（ ）

  A. 甲比乙先着地   B. 甲比乙的加速度大

  C. 甲、乙同时着地   D. 无法确定谁先着地

5. 一个物体从 45 m 高的地方自由落下，在下落的最后 1 s 内的位移是多少？（取 $g=10$ m/s²）

6. 做自由落体运动的物体经过空中 A、B 两点时的速度分别为 20 m/s 和 40 m/s，求：（取 $g=10$ m/s²）

  (1) A、B 两点的距离；

  (2) 物体由 A 点运动到 B 点所用的时间。

7. 某跳伞运动员做低空跳伞表演。他离开悬停的飞机后先做自由落体运动，当距离地面 125 m 时打开降落伞，到达地面时速度减为 5 m/s。如果认为打开降落伞直至落地前运动员在做匀减速运动，加速度为 12 m/s²，取 $g=10$ m/s²。问：

（1）运动员打开降落伞时的速度是多少？

（2）运动员离开飞机时距地面的高度为多少？

（3）运动员离开飞机后，经过多长时间才能到达地面？

8. 雨滴大约在 1.5 km 的高空生成并从静止开始下落。试根据自由落体运动的规律计算雨滴大约要经过多长时间才能到达地面。到达地面时的速度约为多少？另外，根据资料可知，落到地面的雨滴速度一般不超过 8 m/s，为什么实际情况与上述计算结果相差这么大？

本章综合检测卷

一、判断题

1. 像地球这么大的物体是不能被当作质点的。（ ）
2. 速度变化率就是速度变化的快慢。（ ）
3. 位移为零，路程一定为零。（ ）
4. 向东运动的物体可能有方向向西的加速度。（ ）
5. 运动物体在某一时刻的速度很大，而加速度可能为零。（ ）
6. 对于一个加速度大于零的做变速直线运动的物体，若加速度减小，则物体的速度也减小。（ ）
7. 物体在一条直线上运动，如果在相等的时间内位移变化相等，那么物体的运动就是匀变速直线运动。（ ）
8. 任何物体从静止开始下落的运动，都是自由落体运动。（ ）
9. 重力加速度 g 是标量，只有大小没有方向，通常计算中取 $g=9.8 \text{ m/s}^2$。（ ）
10. 雨滴从数百米高空下落到地面的过程中，一直做自由落体运动。（ ）

二、选择题

11. 运动会上，有同学正在操作航拍的无人机，下列过程能将无人机看成质点的是（ ）

　　A. 调节无人机旋翼的转速　　B. 调节无人机的摄像机镜头方向
　　C. 研究无人机在空中的飞行轨迹　　D. 研究无人机的外形气动性能

12. 某物体做直线运动，在运动中加速度逐渐减小至零，则（ ）

　　A. 物体的速度一定逐渐减小
　　B. 物体的速度可能不变
　　C. 物体的速度一定逐渐减小，直至做匀速运动
　　D. 物体的速度可能逐渐增大，直至做匀速运动

13. 以初速度 $v_0=1 \text{ m/s}$ 做匀加速直线运动的物体，第 1 s 末的速度为 2 m/s，则（ ）

　　A. 第 1 s 内位移为 1 m　　B. 加速度为 1 m/s^2
　　C. 第 2 s 内位移为 2 m　　D. 加速度为 2 m/s^2

14. 两个物体都做匀变速直线运动，在相同的时间内（ ）

　　A. 加速度越大，位移一定越大　　B. 初速度越大，位移一定越大

C. 末速度越大，位移一定越大　　　　D. 平均速度越大，位移一定越大

15. 有四个做匀速直线运动的质点，它们运动的速度分别如下，其中运动最快的是（　　）

A. -8 m/s　　B. -3 m/s　　C. 3 m/s　　D. 5 m/s

16. 2011年1月11日，我国自行研制的"歼20"战机试飞成功。假设战机起飞前从静止开始做匀加速直线运动，达到起飞速度 v 所需时间为 t，则起飞前运动的距离为（　　）

A. $\dfrac{vt}{2}$　　B. vt　　C. $2vt$　　D. $4vt$

17. 甲物体的速度由 2 m/s 增加到 10 m/s，乙物体的速度由 6 m/s 增加到 8 m/s，这两个物体加速度大小的关系是（　　）

A. $a_甲 > a_乙$　　B. $a_甲 < a_乙$　　C. $a_甲 = a_乙$　　D. 无法比较

18. 做自由落体运动的物体从高度为 h 处落到地面的时间为 t，当物体下落的时间为 $\dfrac{t}{2}$ 时，下落的高度为（　　）

A. $\dfrac{h}{2}$　　B. $\dfrac{h}{4}$　　C. $\dfrac{h}{8}$　　D. $\dfrac{3}{4}h$

19. 甲、乙两物体分别从 10 m 和 20 m 高处同时自由落下，不计空气阻力，则（　　）

A. 落地时甲的速度是乙的 $\dfrac{1}{2}$

B. 甲的落地时间是乙的 2 倍

C. 下落 1 s 时甲的速度与乙的速度相同

D. 甲、乙两物体在最后 1 s 内下落的高度相等

20. 做自由落体运动的物体在任何两个相邻的 1 s 内，位移的增量为（　　）

A. 1 m　　B. 4.9 m　　C. 9.8 m　　D. 不能确定

三、填空题

21. 以速度 18 m/s 向东行驶的火车，制动后经 15 s 停止运动，它的加速度大小为_____，加速度方向为_____。

22. 物体由静止开始做匀加速直线运动，第 1 s 内的平均速度为 2 m/s，则加速度为_____，第 1 s 末的速度为_____，第 1 s 内的位移为_____。

23. 汽车以 12 m/s 的速度行驶，刹车后减速行驶的加速度大小为 1 m/s²，则需经_____ s 汽车才能停止，从刹车到停止这段时间内的平均速度是_____，通过的位移是_____。

24. 做自由落体运动的质点，初速度等于_____，经过 1 s 后速度为_____，再经过 1 s 的速度为_____。

25. 某物体从静止开始做匀加速直线运动，在第 1 s 内的位移为 5 m，则物体的加速

度为_____，物体在前 2 s 内的位移为_____，第 2 s 末的速度为_____，第 2 s 内的位移为_____。

四、计算题

26. 物体以 2 m/s 的初速度开始做匀加速直线运动，加速度为 3 m/s²，求：

(1) 第 3 s 末的速度；

(2) 前 3 s 内的位移；

(3) 第 4 s 内的位移及其平均速度。

27. 汽车驾驶员发现情况到采取相应行动所需的时间叫反应时间。如果某汽车驾驶员的反应时间（从看到停车信号到使用刹车所需的时间）约为 0.5 s，汽车以 80 km/h 的速度行驶，刹车时汽车加速度的大小为 5 m/s²，则看到停车信号后汽车还要行驶多远才能停止？

28. 一小球自屋檐自由下落，在 0.25 s 时间内通过高度为 2 m 的窗口。问窗顶距屋檐多高？小球从屋檐下落到窗顶所用的时间是多少？（取 $g=10$ m/s²）

29. 飞机着陆后做匀变速直线运动，10 s 内前进 450 m，此时速度减为着陆时速度的一半。

(1) 求飞机着陆时的速度；

(2) 飞机着陆后 30 s 时距着陆点多远？

第 2 章　相互作用与牛顿运动定律

第 1 节　重力　弹力　摩擦力

一、核心素养发展要求

1. 理解力是物体间相互作用的基本概念。能分析生活中常见物体的受力情况。
2. 了解物理研究中运用的基本方法，如图示法、等效法、放大法、控制变量法等。
3. 自行设计实验，探究不规则物体的重心，提升学习兴趣和动手能力。

二、核心内容理解深化

（一）重力

重力是地球表面附近的物体由于地球的吸引而受到的力。它与物体在地球上的地理位置有关。物体所受重力 G 与物体质量 m 的关系是 $G=mg$，其中 g 就是重力加速度，它随物体所处的地理位置的不同而略有不同。一般情况下，可以认为重力的方向总是竖直向下的，并且重力的作用点在物体的重心上。

（二）弹力

弹力是发生形变后的物体要恢复原状，对与它接触的物体产生的力。其产生的条件是物体发生了弹性形变，而且没有超过弹性限度。在弹性限度内，弹簧的弹力大小 F 与弹簧伸长（或缩短）的长度 x 的关系满足胡克定律，即 $F=kx$，其中 k 为弹簧的弹性系数。弹力的方向与弹簧伸长（或缩短）的方向相反。

（三）摩擦力

摩擦力是两个相互接触的物体发生相对运动或具有相对运动趋势时，产生的阻碍其相对运动或相对运动趋势的力。按照实际情况，摩擦力可以分为静摩擦力、滑动摩擦力等。

相互接触的两个物体之间只有相对运动趋势、没有相对运动时，物体之间的摩擦力是静摩擦力。最大静摩擦力是物体尚处于静止但将要运动的临界状态时的静摩擦力。相互接触的两个物体在相对滑动时，物体之间的摩擦力是滑动摩擦力。

滑动摩擦力比最大静摩擦力略小，方向总是沿着接触面，并且与物体的相对运动方向相反。滑动摩擦力的大小与接触面间的正压力的大小成正比，用公式表示为 $F_f=\mu F_N$，μ 是动摩擦因数，其数值与接触面的材料及粗糙程度等因素有关。

三、学以致用与拓展

例1 把一个货箱放在卡车上，当卡车由静止开始启动时，如果货箱也随卡车一同启动，货箱是否受到摩擦力？如果受到摩擦力，摩擦力是促进货箱运动还是阻碍它运动？

分析 物体的运动状态发生变化，一定有外力作用在物体上，至于外力是促进还是阻碍物体的运动要根据参照物的具体情况分析。

解 货箱由静止开始向前运动，说明卡车底板对货箱产生了向前的静摩擦力。选取地面为参照物，作用在货箱上的静摩擦力是促进它运动的。但是如果选取产生静摩擦力的卡车和货箱互为参照物，卡车启动时，原来静止的货箱由于惯性而相对于卡车有向后运动的趋势，作用在货箱上的静摩擦力阻碍了它向后运动的趋势——阻碍了货箱与卡车的相对运动，使货箱随卡车一同启动。

反思与拓展 对于相互摩擦的物体，如果不以它们互为参照物，而是选其他物体为参照物，摩擦力有时表现为阻碍物体的运动，而有时又表现为促进物体的运动，这要视具体情况来确定，没有定论。但是摩擦力对于相互摩擦的物体的相对运动却总是起阻碍作用的，或者说摩擦力的方向跟相对运动的方向总是相反，这才是适用于各种实例的普遍结论。

例2 一根弹簧自然伸长时长度为 10 cm。用 6 N 的力拉它时，弹簧发生弹性形变，长度变为 13 cm。若要把弹簧压缩到 8 cm，需要多大的力？（皆在弹性限度内）

分析 由题意可知，弹簧被拉长时，拉力 $F_1=6$ N，形变量 $x_1=(13-10)$ cm$=3$ cm$=0.03$ m。由于是弹性形变，因此可应用胡克定律 $F=kx$ 求出弹簧的弹性系数 k。结合形变量 $x_2=(10-8)$ cm$=2$ cm$=0.02$ m，再次应用胡克定律，即可求出压缩力的大小。

解 当弹簧被拉长时，由胡克定律 $F=kx$ 得

$$k=\frac{F_1}{x_1}=\frac{6}{0.03}\text{ N/m}=200\text{ N/m}$$

当弹簧被压缩时，由胡克定律得

$$F_2=kx_2=200\times 0.02\text{ N}=4\text{ N}$$

反思与拓展 弹簧弹力的规律，即胡克定律为，在弹性限度内，弹簧发生弹性形变时，弹力的大小 F 跟弹簧伸长（或缩短）的长度 x 成正比，即 $F=kx$。k 为弹簧的弹性系数，单位是 N/m。在计算时可灵活运用，只要注意长度单位的统一即可。

四、学科素养测评

1. 一个圆筒内装有甲、乙、丙三个球（图 2.1.1），下列说法正确的是（　　）

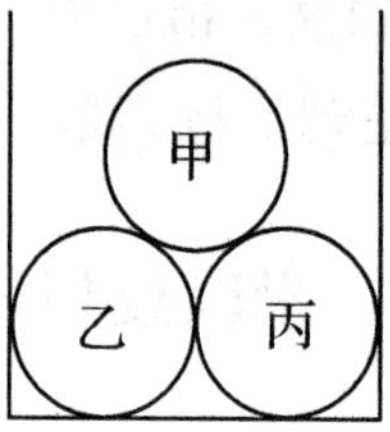

   A. 乙对丙作用的弹力，沿球心连线指向乙
   B. 乙对筒作用的弹力指向乙的球心
   C. 甲对乙作用的弹力，沿球心连线指向乙
   D. 甲对乙作用的弹力，沿球心连线指向甲

   图 2.1.1

2. 如图 2.1.2 所示，光滑水平面上甲和乙两个物体并排在一起，均处于静止状态，下列说法正确的是（　　）

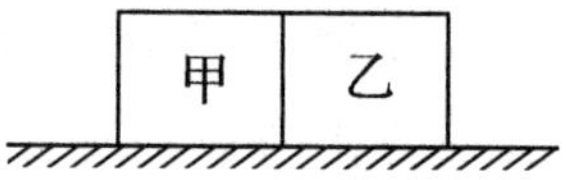

   图 2.1.2

   A. 乙对甲作用了向左的弹力
   B. 甲对乙作用了向右的弹力
   C. 甲与乙之间没有弹力作用
   D. 无法确定甲与乙之间是否有弹力

3. 一根弹簧不悬挂物体时，长为 10 cm；悬挂重为 6 N 的砝码时，长为 16 cm，则该弹簧的弹性系数是（　　）

   A. 100 N/m   B. 1 N/m   C. 6 N/cm   D. 6 N/m

4. 下列说法正确的是（　　）

   A. 摩擦力总是阻碍物体运动
   B. 摩擦力的大小总为 $F_f = \mu F_N$
   C. 摩擦力总是阻碍物体间的相对运动
   D. 以上说法都不对

5. 一个质量为 10 kg 的物体与水平面之间的动摩擦因数为 0.2，现用一大小为 20.2 N 的水平推力，刚好使物体开始运动，则此刻该物体受到的摩擦力为（　　）

   A. 19.6 N   B. 2 N   C. 20.2 N   D. 10 N

6. 用手握住一个滑腻的油瓶使它悬空，当增大手握油瓶的压力时，关于手对油瓶的摩擦力，下列说法正确的是（　　）

   A. 静摩擦力不变
   B. 静摩擦力增大
   C. 静摩擦力和最大静摩擦力都增大
   D. 最大静摩擦力不变

7. 甲地和乙地的重力加速度分别约为 9.801 m/s² 和 9.795 m/s²，在乙地一物体的重力为 1 000 N，将它移到甲地后，该物体的重力（　　）

   A. 大于 1 000 N
   B. 等于 1 000 N
   C. 小于 1 000 N
   D. 以上三个选项皆有可能

8. 下列关于重心的说法正确的是（　　）

   A. 重心就是物体上最重的一点
   B. 形状规则的物体的重心必与其几何中心重合

C. 直铁丝被弯曲后，重心便不在中点，但一定还在铁丝上

D. 以上说法都不对

9. 下列关于重力的说法正确的是（　　）

A. 重力就是地球对物体的吸引力　　B. 重力就是物体对水平面的压力

C. 重力的方向总是竖直向下的　　　D. 重力的大小可用天平来测量

第 2 节　力的合成与分解

一、核心素养发展要求

1. 理解合力与分力的概念，了解合力与分力是等效的、合力与分力在作用效果上可以相互替代、力的合成与分解都遵循平行四边形定则，并能解决生活中一些简单的力学问题。

2. 在"探究两个互成角度的力的合成规律"实验中，了解等效法和作图法。

二、核心内容理解深化

（一）力的合成

已知几个分力，求这几个分力的合力，称为力的合成。两个互成角度的力合成时，遵循平行四边形定则：以表示这两个力的线段为邻边，画出平行四边形，它的对角线就表示合力的大小和方向。

两个分力的夹角可以在 0°～180°之间变化，合力的最大值是两个分力之和，最小值是两个分力之差。

如果求两个以上力的合力，可以连续应用平行四边形定则，即先求出任意两个分力的合力，再与第三个力合成，以此类推，直到求出所有力的合力为止。

（二）力的分解

求一个合力的分力，称为力的分解。力的分解一般是根据力的作用效果进行的。力的分解也遵循平行四边形定则。例如，斜面上物体的重力会产生两个作用效果：使物体沿斜面向下滑和使物体垂直于斜面向下压；人斜向上拉着物体在水平地面上前进时，拉力对物体产生两个作用效果：使物体前进和将物体向上提。

三、学以致用与拓展

例1 如图 2.2.1 所示,用两根长度相等、互成角度的绳子悬挂一个重物,试分析当两绳的夹角增大时,绳中的拉力 T 怎样变化。

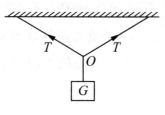

图 2.2.1

分析 因为结点 O(悬挂点)处的三力平衡,所以无论两绳的夹角如何变化,绳中拉力 T 的合力 F 总是 G(物体重力)的平衡力,$F=G$,即 F 的大小不会随两绳夹角的变化而变化。

解 由平行四边形定则可知,若增大夹角,平行四边形的边长会增加,即绳中拉力 T 会增大。

反思与拓展 不断变化两绳的夹角,F 不变,但 T 是变化的。T 的大小会随两绳之间夹角的增大而增大。那么当两绳之间的夹角为多大时,T 最小?当两绳之间的夹角为多大时,$T=G$?

例2 一个物块恰好能沿倾角为 θ 的斜面匀速下滑,求动摩擦因数 μ。

分析 本题只有一个已知条件 θ,对于解题中涉及的其他物理量,可以暂时用符号表示,然后再设法将它们消去。先将重力 G 正交分解,再利用摩擦力公式 $F_f=\mu F_N$ 计算出 μ。

解 如图 2.2.2 所示,将重力 G 进行正交分解,得 x 方向:$G_x=G\sin\theta$;y 方向:$G_y=G\cos\theta$。

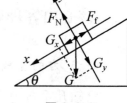

图 2.2.2

由于物体在 F_N、F_f、G_x、G_y 这四个分力作用下平衡,根据平衡方程式 $F_{x合}=0$,$F_{y合}=0$,即 $G_x-F_f=0$,$F_N-G_y=0$,可得

$$F_f=G_x=G\sin\theta$$
$$F_N=G_y=G\cos\theta$$

所以

$$\mu=\frac{F_f}{F_N}=\frac{G\sin\theta}{G\cos\theta}=\tan\theta$$

反思与拓展 如果物体受到一个沿斜面向下的推力 F,仍保持匀速运动,该如何求动摩擦因数 μ?

四、学科素养测评

1. 相互垂直的两个共点力,其大小分别为 30 N 和 40 N,这两个力的合力为(   )
   A. 10 N   B. 50 N   C. 70 N   D. 无法确定

2. 大小不相等的三个共点力 F_1、F_2、F_3,当它们平衡时,则(   )
   A. F_1 大于其他两个力的合力
   B. F_3 小于其他两个力的合力

C. 如果其中有两个力不在同一条直线上，第三个力也一定不与它们在同一条直线上

D. 如果其中有两个力不在同一条直线上，第三个力仍有可能与某个力在同一条直线上

3. 下面几组共点力作用在同一物体上，有可能使物体保持平衡的是（   ）

   A. 2 N、3 N、9 N   B. 15 N、25 N、40 N
   C. 4 N、5 N、20 N   D. 5 N、15 N、25 N

4. 物体受力平衡时一定（   ）

   A. 处于静止状态   B. 做匀速直线运动
   C. 保持原运动状态   D. 无法确定

5. 在倾角为 θ 的光滑斜面上放一质量为 m 的物体，则此物体受到的合力为（   ）

   A. 0   B. $mg - mg\cos\theta$ C. $mg\sin\theta$ D. $mg\cos\theta$

6. 放在桌面上质量为 10 kg 的物体，若受到一个竖直方向上的大小为 78 N 的拉力，则（   ）

   A. 物体受到桌面的支持力为 78 N   B. 物体对桌面的压力为 98 N
   C. 物体受到桌面的支持力为 20 N   D. 物体受到的合力为 20 N

7. 在倾角为 θ 的斜面上，一个重为 G 的物块在斜面的支持力 F_N 和摩擦力 F_f 的共同作用下处于静止状态，当减小斜面的倾角 θ 时（   ）

   A. F_N 和 F_f 都增大   B. F_N 和 F_f 都减小
   C. F_N 增大而 F_f 减小   D. F_f 增大而 F_N 减小

8. 一个物体从光滑的斜面上匀加速下滑，它受到（   ）

   A. 重力、弹力和下滑力的作用   B. 重力、弹力的作用
   C. 重力、弹力和摩擦力的作用   D. 弹力、摩擦力和下滑力的作用

9. 把一只箱子放在商场的自动扶梯台阶上，使它随扶梯台阶沿着速度 v 的方向匀速上升（图 2.2.3），箱子受到的力为（   ）

   A. 重力和支持力
   B. 重力、支持力和水平向右的静摩擦力
   C. 重力、支持力和水平向左的静摩擦力
   D. 重力、支持力和沿运动方向的静摩擦力

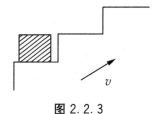

图 2.2.3

10. 在倾角为 30°的斜面上放着一个重为 400 N 的物体，物体与斜面间的动摩擦因数为 $\frac{\sqrt{3}}{2}$，求物体受到的摩擦力。

第3节 牛顿运动定律及其应用

一、核心素养发展要求

1. 能运用牛顿第一定律解释生活、生产中的有关现象。通过实验，理解牛顿第二定律，并能用其解决简单的实际问题。能用牛顿第三定律解释生活中物体间相互作用的问题。

2. 了解伽利略勇于质疑、敢于创新的思想，了解他用理想实验进行假设推理的思维方法。通过"探究物体的加速度与物体外力、物体质量的关系"实验，进一步了解控制变量法在物理学习中的应用。

3. 能运用牛顿运动定律解释惯性、超重、失重等现象。

二、核心内容理解深化

（一）牛顿第一定律

牛顿在伽利略等人研究的基础上提出：一切物体总保持静止状态或匀速直线运动状态，直到有外力迫使它改变这种状态为止。这就是牛顿第一定律，又称为惯性定律。

（二）牛顿第二定律

物体的加速度与它所受的合外力成正比，与物体的质量成反比，加速度的方向与合外力的方向相同。这就是牛顿第二定律。通过选择合适的单位，牛顿第二定律可表示为

$$F_{合}=ma$$

其中，力的单位为 N，质量的单位为 kg，加速度的单位为 m/s^2。

（三）牛顿第三定律

两个物体之间的作用力和反作用力总是大小相等、方向相反，且作用在同一条直线上。

注意：作用力和反作用力总是成对出现，同时产生、同时消失。它们是同种性质的力，分别作用在两个物体上，各自产生各自的作用效果，不能平衡、不能抵消。

（四）国际单位制

国际单位制中只有7个基本单位，如长度单位 m、时间单位 s、质量单位 kg 等，其他单位都被称为导出单位，如速度单位 m/s、力的单位 N 等。

三、学以致用与拓展

例1 一辆质量为 4.0×10^3 kg 的汽车在水平路面上行驶时,司机突然发现有人骑自行车抢道横穿马路,汽车虽然急刹但还是撞倒了自行车。交通警察进行事故调查时,测得汽车在干路面上擦出的黑色痕迹长 10 m。这段路面与汽车轮胎的动摩擦因数为 0.90,警察估算出了汽车开始刹车时的初速度 v_0,以便判定汽车是否违章超速行驶。警察是怎样估算的?

分析 已知 $s = 10$ m 的刹车位移和刹车后的末速度 $v_t = 0$,仅凭这两个已知量是无法利用匀变速直线运动公式求 v_0 的。题中还给出了汽车的质量和其受力情况:汽车受重力 G、支持力 F_N 和滑动摩擦力 $F_f = \mu F_N$,据此可以利用牛顿第二定律求出加速度 a。由 a、s 和 v 这三个量就可解出 v_0。

解 汽车的重力 $G = mg = 4.0 \times 10^3 \times 9.8$ N $= 3.92 \times 10^4$ N。由于汽车在竖直方向上是平衡的,所以支持力 F_N 的大小等于重力 G。滑动摩擦力为

$$F_f = \mu F_N = 0.90 \times 3.92 \times 10^4 \text{ N} = 3.528 \times 10^4 \text{ N}$$

因为汽车做匀减速运动,故加速度为负值。

加速度为

$$a = \frac{-F_f}{m} = \frac{-3.528 \times 10^4}{4.0 \times 10^3} \text{ m/s}^2 = -8.82 \text{ m/s}^2$$

由 $v_t^2 = v_0^2 + 2as$ 得

$$v_0 = \sqrt{v_t^2 - 2as} = \sqrt{2 \times 8.82 \times 10} \text{ m/s} \approx 13.28 \text{ m/s}$$

反思与拓展 如果汽车的质量增加一倍,其他条件不变,汽车开始刹车时的初速度又是多少?结果说明什么?

例2 质量为 70 kg 的滑雪者,以 3 m/s 的初速度沿坡道匀加速下滑,坡道的倾角为 30°。在 5 s 内滑雪者滑行的路程为 60 m。试求滑雪者滑行时受到的阻力。(阻力包括滑动摩擦力和因速度较大而受到的不可忽略的空气阻力)

分析 本题已知匀变速直线运动的三个条件:v_0、t、s,滑雪者做匀加速运动,可由此求出加速度。然后将加速度代入牛顿第二定律公式,求解未知力。

解 由 $s = v_0 t + \frac{1}{2} a t^2$ 得

$$a = \frac{2(s - v_0 t)}{t^2} = \frac{2 \times (60 - 3 \times 5)}{5^2} \text{ m/s}^2 = 3.6 \text{ m/s}^2$$

滑雪者受到重力 G、支持力 F_N 和阻力 F_f 的作用,如图 2.3.1 所示,将 G 沿斜面和斜面法向正交分解。由于在斜面法向上二力平衡,所以滑雪者受到的合力为

$$F_合 = G_x - F_f = G\sin\theta - F_f$$

根据牛顿第二定律有 $G\sin\theta - F_f = ma$,解得

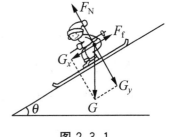

图 2.3.1

$$F_f = G\sin\theta - ma = (70 \times 9.8 \times \sin 30° - 70 \times 3.6)\text{ N} = 91\text{ N}$$

反思与拓展 这是一道典型的已知物体运动情况求受力情况的题目，解决问题的关键是搭建加速度这座"桥梁"。另外，还要注意的是，牛顿第二定律中的力是物体受到的合外力。

四、学科素养测评

1. 当某人站在观光电梯中，设其体重为 G，对电梯地板的压力为 F_N，则当电梯向上＿＿＿＿运动时，$F_N > G$；当电梯向上＿＿＿＿运动时，$F_N < G$；当电梯向上＿＿＿＿运动时，$F_N = G$。

2. 一个物体在两个力的共同作用下处于匀速直线运动状态，并且已知这两个力中的一个力与物体的速度在同一条直线上。当撤去其中一个力之后，物体将（　　）

   A. 一定做匀加速直线运动

   B. 一定做匀减速直线运动

   C. 可能做匀速直线运动

   D. 可能做匀加速直线运动，也可能做匀减速直线运动

3. 一个物体在力 F 的作用下，由静止开始做匀加速直线运动，当力 F 逐渐减小时，物体的运动状态将是（　　）

   A. 加速度逐渐减小，速度逐渐减小，加速度的方向与速度的方向相反，加速度的方向与力 F 的方向相反

   B. 加速度逐渐减小，速度逐渐减小，加速度的方向与速度的方向相同，加速度的方向与力 F 的方向相同

   C. 加速度逐渐减小，速度逐渐增大，加速度的方向与速度的方向相反，加速度的方向与力 F 的方向相同

   D. 加速度逐渐减小，速度逐渐增大，加速度的方向与速度的方向相同，加速度的方向与力 F 的方向相同

4. 一物体沿着长 5.0 m、高 3.0 m 的斜面下滑，该物体和斜面间的动摩擦因数为 0.25，则该物体下滑时的加速度为（　　）

   A. $\dfrac{2g}{5}$　　　　　　　　　　B. $\dfrac{3g}{5}$

   C. $\dfrac{g}{5}$　　　　　　　　　　D. g

5. 下列情况中，电梯钢索的拉力最大的是（　　）

   A. 匀速上升时　　　　　　　　B. 减速上升时

   C. 加速下降时　　　　　　　　D. 减速下降时

6. 质量为 $1.0×10^6$ kg 的列车从车站出发做匀加速直线运动，经过 100 s 通过的距离为 10^3 m。列车运动中受到的阻力是车重的 $5.0×10^{-3}$ 倍，试求列车的牵引力。

7. 科学家曾于 1966 年在地球上空完成了利用牛顿第二定律测定飞行体质量的实验，发现一种测定在轨道中运行物体的未知质量的方法。实验时，用质量为 $m_1 = 3\,400$ kg 的"双子星"号宇宙飞船，连接正在轨道中运行的无动力火箭组（待测火箭组的质量）。连接后，开动飞船尾部的推进器，使飞船和火箭组共同加速。推进器以 895 N 的平均推力运行 7 s，测出它们的速度改变量为 0.91 m/s，试求待测火箭组的质量 m_2。

8. 质量为 10 kg 的物体，沿倾角为 30° 的斜面由静止开始下滑，物体与斜面间的动摩擦因数为 0.25。在 2 s 内物体由斜面顶端滑到了底端。试求物体的加速度和斜面的长度。（取 $g = 10$ m/s²）

本章综合检测卷

一、判断题

1. 因为空气是飘浮在空中的，所以空气没有重力。（　　）

2. 只要物体彼此接触，它们之间必定有弹力作用。（　　）

3. 对于有相对运动趋势而又保持相对静止的两个物体，它们的接触面之间的压力越大时，最大静摩擦力就越大。（　　）

4. 一个物体受到的合外力越大，加速度就越大。（　　）

5. 马拉车时，是马先给车一个向前的作用力，然后车才给马一个向后的反作用力。（　　）

二、选择题

6. 下列共点力作用在同一个物体上，物体不可能保持平衡的是（　　）

A. 4 N、5 N、9 N B. 4 N、3 N、5 N
C. 20 N、30 N、20 N D. 9 N、19 N、8 N

7. 甲、乙两人各用100 N的力分别拉弹簧的两端，使弹簧伸长了20 cm，若将弹簧的一端固定在墙上，由一个人用100 N的力拉另一端，则弹簧伸长（　　）

A. 10 cm B. 15 cm C. 20 cm D. 40 cm

8. 20 N重的物体在水平地面上向左运动，同时受到方向水平向右、大小为10 N的拉力。若物体与地面间的动摩擦因数为0.2，则物体所受的摩擦力为（　　）

A. 2 N，方向向右 B. 4 N，方向向右
C. 10 N，方向向右 D. 14 N，方向向左

9. 物体在斜面上匀速下滑，下列四个受力示意图中，正确的是（　　）

10. 如图所示，物体被两块竖直挡板夹在中间，当两边各加压力 F 时，物体处于静止状态，此时物体受到的静摩擦力为 F_f，当两边各加压力 $2F$ 时，物体受到的摩擦力为（　　）

A. $2F_f$ B. $0.5F_f$
C. F_f D. $4F_f$

第10题图

11. 已知一个力 $F=100$ N，把它分解为两个力，其中一个分力 F_1 与 F 的夹角为 30°，则另一个分力 F_2 的最小值为（　　）

A．50 N　　B．$50\sqrt{3}$ N　　C．$\dfrac{100\sqrt{3}}{3}$ N　　D．$100\sqrt{3}$ N

三、填空题

12. 一根原长为 100 cm 的弹簧在大小为 400 N 的拉力作用下伸长为 120 cm（该形变为弹性形变），它的弹性系数为_____ N/m；当减小拉力，使它伸长为 110 cm 时，弹性系数为_____ N/m。

13. 如图所示，三个物体 A、B、C 的重力分别为 $G_A=200$ N、$G_B=180$ N、$G_C=160$ N，三个物体均处于静止状态，两个定滑轮无摩擦。物体 B 受到的静摩擦力大小为_____ N，方向_____。

第 13 题图

14. 两个共点力相互垂直，大小分别是 12 N 和 16 N，这两个力的合力大小是_____ N。

15. 物体在共点的五个力的作用下保持平衡，如果撤去其中一个力 F_1，而其余四个力保持不变，这四个力的合力大小为_____，方向_____。

16. 当物体所受合外力的方向与运动方向一致时，若合外力逐渐减小，则加速度将逐渐_____，速度将逐渐_____；当物体所受合外力的方向与运动方向相反时，若合外力逐渐减小，则加速度将逐渐_____，速度将逐渐_____。

四、计算题

17. 一辆卡车空载时的质量为 3.5×10^3 kg，载货时的质量为 6.0×10^3 kg，用同样大小的牵引力，如果空载时能使卡车产生 1.5 m/s² 的加速度，那么载货时使卡车产生的加速度大小是多少？（设阻力大小与车载情况无关）

18. 一辆质量为 2 t 的货车，在水平路面上以 54 km/h 的速度匀速行驶，司机因故突然刹车，已知刹车后货车所受的阻力为 1.2×10^4 N，求货车从刹车开始到停下来驶过的路程。

19. 某钢绳所能承受的最大拉力是 4.0×10^4 N，如果用这条钢绳使 3.5×10^3 kg 的货物匀加速上升，那么在 2 s 内货物速度的变化量不能超过多大？

20. 在汽车碰撞试验中，某轿车的质量为 1 120 kg，该轿车以 80 km/h 的速度向一障碍物撞去，设碰撞时间为 0.5 s，求汽车在碰撞过程中受到的平均作用力。

第3章 曲线运动

第1节 曲线运动的描述

一、核心素养发展要求

1. 知道曲线运动中速度的方向，了解物体做曲线运动的条件。能解释生活中的曲线运动现象。通过对物体做曲线运动条件的了解，知道物体所受合力的方向与它的速度方向之间的关系是决定物体做曲线运动与直线运动的条件。

2. 通过实验观察曲线运动的速度方向，并通过实验归纳得出物体做曲线运动的条件，培养科学论证、科学推理能力。

3. 通过活动观察钢球的运动轨迹，探究物体做曲线运动的条件，培养观察能力及动手操作能力，提升实践意识、操作技能。能根据实验归纳总结曲线运动轨迹与受力之间的大致关系。

二、核心内容理解深化

（一）曲线运动

从直线运动到曲线运动，从一维运动到二维运动，随着运动形式的复杂化，曲线运动的描述是对物体运动轨迹、速度方向、受力与速度方向之间关系的描述。曲线运动中，物体在某一点的速度方向沿曲线在该点的切线方向；曲线运动中的速度方向是变化的，所以曲线运动是变速运动。

从运动学角度看，做曲线运动的质点的加速度方向与它的速度方向不在同一条直线上；从动力学角度看，做曲线运动的质点所受合力的方向与它的速度方向不在同一条直线上。曲线运动中，物体所受合力方向指向轨迹凹侧，运动轨迹一定夹在速度方向和合力方向之间。

三、学以致用与拓展

例1 如图3.1.1所示,将一条形磁体放在光滑水平桌面的不同位置(A、B),让小铁珠在水平桌面上从同一位置以相同的初速度v_0开始运动,得到不同的运动轨迹。图3.1.1中a、b、c、d为其中四条运动轨迹,磁体放在位置A时,小铁珠的运动轨迹是_____(填运动轨迹字母代号);磁体放在位置B时,小铁珠的运动轨迹是_____(填运动轨迹字母代号)。实验表明,当物体所受合力的方向与它的速度方向_____(填"在"或"不在")同一条直线上时,物体做曲线运动。

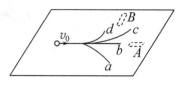

图3.1.1

分析 因为磁体对小铁珠具有吸引力,当磁体放在位置A时,F与v_0同向,小铁珠做变加速直线运动,运动轨迹为b;当磁体放在位置B时,F与v_0不在同一条直线上,合力的方向指向轨迹的凹侧,因为运动轨迹一定夹在速度方向与合力方向之间,所以运动轨迹为c。当物体所受合力的方向与它的速度方向不在同一条直线上时,物体做曲线运动。

答案 b,c,不在

反思与拓展 本题从动力学角度考查物体做曲线运动的条件。小铁珠所受合力的方向与它的速度方向不在同一条直线上,并且小铁珠所受合力的方向指向轨迹凹侧,运动轨迹一定夹在速度方向和合力方向之间。

例2 选项为物体从M点到N点加速爬升的轨迹示意图,则在轨迹上P点物体受到的合力方向可能是( )

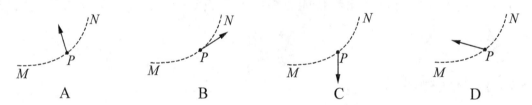

分析 根据曲线运动的条件可知,合力指向轨迹凹侧。又因为是加速爬升,所以合力与速度方向的夹角为锐角。

答案 A

反思与拓展 本题考查物体做曲线运动的条件。曲线运动中物体所受合力的方向指向轨迹凹侧,运动轨迹一定夹在速度方向和合力方向之间。

四、学科素养测评

1. 判断下列说法是否正确。

(1) 做曲线运动的物体,速度方向时刻在改变,所以曲线运动不可能是匀变速运动。

( )

(2) 物体受到一个方向不断改变的力,才可能做曲线运动。 ( )

（3）物体不受外力作用，由于惯性而持续地运动，可能是曲线运动。（　）

（4）做曲线运动的物体的速度与其加速度不在同一条直线上。（　）

2. 下列关于曲线运动的说法正确的是（　　）

　A. 速度大小一定变化　　　　B. 合外力可能为零

　C. 加速度一定变化　　　　　D. 一定是变速运动

3. 如图3.1.2所示，某同学正在荡秋千，他经过最低点 P 时的速度方向是（　　）

　A. a 方向　　　　　　　　B. b 方向

　C. c 方向　　　　　　　　D. d 方向

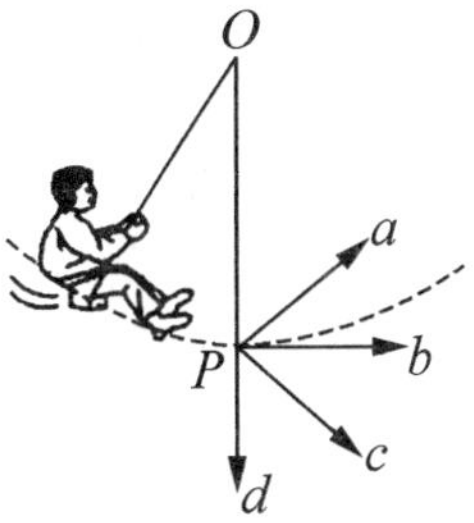

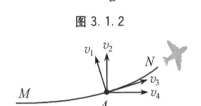

图 3.1.2

4. 某舰载机在山东舰甲板上滑跃起飞的运动轨迹 MN 如图3.1.3所示，当舰载机经过 A 点时，速度方向沿图中（　　）

　A. v_1 的方向　　　　　　B. v_2 的方向

　C. v_3 的方向　　　　　　D. v_4 的方向

图 3.1.3

5. 若以曲线表示某质点的运动轨迹，F 表示该质点所受的合力，则下列四个图示中可能正确的是（　　）

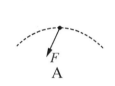 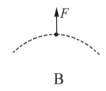 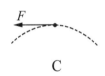

　　A　　　　　　B　　　　　　C　　　　　　D

6. 关于物体做直线运动与曲线运动，下列说法正确的是（　　）

　A. 物体在恒力作用下，一定做直线运动

　B. 物体在与速度方向成一定角度的力的作用下，一定做曲线运动

　C. 物体在变力作用下，一定做曲线运动

　D. 物体在变力作用下，不可能做直线运动

7. 下列选项中，虚线为质点运动的轨迹，通过 P 点时的速度 v、加速度 a 及 P 点附近的一段轨迹已在图上标出，其中可能正确的是（　　）

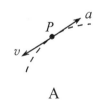

　　A　　　　　　B　　　　　　C　　　　　　D

8. 如图 3.1.4 所示，乒乓球从斜面上滚下，以一定的速度沿直线运动。在与乒乓球的运动路径相垂直的方向上放一个纸筒（纸筒的直径略大于乒乓球的直径），当乒乓球经过筒口时，人对着球横向吹气，试分析乒乓球能否沿吹气方向进入纸筒并说明理由。

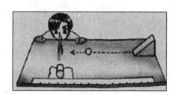

图 3.1.4

第 2 节　运动的合成与分解

一、核心素养发展要求

1. 理解复杂的运动可分解为简单的运动，发展运动观念。知道两个或几个的分运动可以等效为一个合运动，分运动之间存在独立性、等时性的观念。

2. 能用运动的合成与分解研究曲线运动，掌握化曲为直的科学思维方法。能从实际生活中抽象出物理模型，如从小船渡河、飞机空投等问题中建构物理模型，提升模型建构能力。

3. 通过对运动的合成与分解知识点的学习，能解释自然、生活和生产中的现象，了解曲线运动具有普遍性，体会物理学的应用价值。

二、核心内容理解深化

（一）运动的合成与分解

由分运动求合运动的过程称为运动的合成；反之，由合运动求分运动的过程称为运动的分解。一般而言，合运动是指在具体问题中，物体实际所做的运动；而根据解决问题的需要，将物体沿某一方向具有某一效果的运动称为分运动。运动的合成与分解指的是对位移、速度、加速度这些描述运动的物理量进行合成与分解。因为位移、速度、加速度都是矢量,对它们进行合成与分解时遵循平行四边形定则。

(二) 理解运动的独立性、等时性、等效性

一个运动可以看成两个或几个运动的合成,这两个或几个运动是同时进行的,且互不干扰,这称为运动的独立性。合运动与分运动之间、各分运动之间的时间相等,这称为运动的等时性。各分运动的规律叠加起来与合运动的规律有完全相同的效果,这称为运动的等效性。

三、学以致用与拓展

例1 小船渡河时,船头始终垂直于河岸。若小船在静水中的速度 $v_1=2$ m/s,水流速度 $v_2=4$ m/s,求小船合速度的大小。

分析 本题考查矢量的合成法则,注意船头指向与河岸垂直、船的合速度垂直河岸的区别。依据矢量的合成法则,结合勾股定理,即可求解。

解 船在静水中的速度 $v_1=2$ m/s,河水的流速 $v_2=4$ m/s,因船头指向与河岸垂直,所以小船渡河的合速度大小为 $v=\sqrt{v_1^2+v_2^2}=\sqrt{2^2+4^2}$ m/s $=2\sqrt{5}$ m/s。

反思与拓展 小船在有一定流速的水中渡河时,实际上参与了两个方向的分运动,即船随水流的运动和船相对水的运动,船的实际运动是合运动。解决本题的关键是知道矢量的合成法则,船头始终垂直于河岸是指船在静水中的速度方向,知道这一点就可以由矢量的合成法则求解合速度的大小。

例2 如图3.2.1所示,房屋瓦面与水平面的夹角为37°,一小球从3 m长的瓦面上滚下,不计运动过程中的阻力。小球离开瓦面时速度大小为 $v=6$ m/s,已知 $\sin 37°=0.6$,$\cos 37°=0.8$,求小球离开瓦面时水平方向和竖直方向的分速度大小。

图3.2.1

分析 小球离开瓦面时,根据运动的实际效果将速度进行分解,求解水平方向和竖直方向的分速度大小,可采用正交分解法。

解 由速度的分解可知,小球离开瓦面时水平方向的分速度大小为 $v_x=v\cos 37°=4.8$ m/s,竖直方向的分速度大小为 $v_y=v\sin 37°=3.6$ m/s。

反思与拓展 本题考查运用速度的分解。速度是矢量,故其分解遵循平行四边形定则,又因为求解的是水平方向和竖直方向的分速度大小,所以可采用正交分解法。如果房屋瓦面与水平面的夹角为0°,小球离开瓦面时水平方向和竖直方向的分速度大小是多少?

四、学科素养测评

1. 判断下列说法是否正确。

(1) 合运动与分运动是同时进行的，时间相等。（   ）

(2) 合运动一定是实际发生的运动。（   ）

(3) 合运动的速度一定比分运动的速度大。（   ）

(4) 两个夹角为90°的匀速直线运动的合运动，一定也是匀速直线运动。（   ）

2. 如图3.2.2所示，炮弹从炮筒中射出时，速度的大小为 v、方向与水平方向的夹角为 θ，设炮弹的水平分速度为 v_x，则（   ）

A. $v_x = v\sin\theta$
B. $v_x = v\cos\theta$
C. $v_x = v\tan\theta$
D. $v_x = \dfrac{v}{\tan\theta}$

图 3.2.2

3. 质量 $m=4$ kg 的质点静止在光滑水平面上的直角坐标系的原点 O 处，先用沿 x 轴正方向的力 $F_1=8$ N 作用了 2 s，然后撤去 F_1；再用沿 y 轴正方向的力 $F_2=24$ N 作用了 1 s，则质点在这 3 s 内的轨迹为（   ）

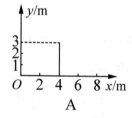 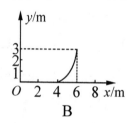 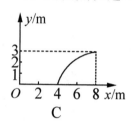 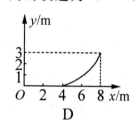

A　　　　　　B　　　　　　C　　　　　　D

4. 一小船在静水中的速率是 5 m/s，要渡过宽为 120 m 的小河，水流的速度为 3 m/s，求小船渡河的最短时间。

5. 飞机在航行测量时，航线要严格地从东到西，如已知飞机的飞行速度即飞机不受风力影响时的自由航行速度 v_1，风从南面吹来（已知风的速度 v_2），判断飞机应朝哪个方向飞行。

第3节 抛体运动

一、核心素养发展要求

1. 知道抛体运动和平抛运动的概念，以及抛体运动的受力特点。会用运动的合成与分解对抛体运动进行分析，建立运动与力之间的关系。

2. 理解平抛运动的规律，能在熟悉的情境中运用平抛运动模型解决问题。能用与平抛运动规律相关的证据说明结论并作出解释，并能从不同角度分析和解决平抛运动问题。能利用已知的直线运动的规律来研究复杂的曲线运动问题，渗透"化曲为直""化繁为简""等效替换"等重要的物理思想。

3. 通过用平抛运动的知识解释自然、生活和生产中的现象，体会物理学的应用价值，体验物理与生活的紧密联系，增强学习物理的兴趣。

二、核心内容理解深化

（一）平抛运动

运用运动的合成与分解将平抛运动分解为水平方向的匀速直线运动和竖直方向的自由落体运动，将复杂的曲线运动转化为简单的直线运动进行分析。

在研究直线运动时，我们已经认识到，为了得到物体的速度与时间的关系，要先分析物体受到的力，做平抛运动的物体仅受到重力作用，其所受合力为恒力，因此抛体运动是匀变速曲线运动，其加速度等于重力加速度。

学会运用运动的合成与分解处理类平抛运动问题。将平抛运动分解为水平和竖直两个方向的运动来研究平抛运动的规律，如图 3.3.1 所示，以初速度 v_0 的方向为 x 轴正方向，竖直向下的方向为 y 轴正方向。在平面直角坐标系中，将做平抛运动的物体在任意点的速度分解到水平方向和竖直方向。

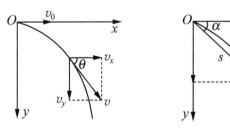

图 3.3.1

(1) 平抛运动中任意点的速度关系：

水平方向：$v_x = v_0$

竖直方向：$v_y = gt$

合速度的大小：$v = \sqrt{v_x^2 + v_y^2}$

合速度的方向：$\tan \theta = \dfrac{v_y}{v_x} = \dfrac{gt}{v_0}$

(2) 平抛运动中任意点的位移关系：

水平方向：$x = v_0 t$

竖直方向：$y = \dfrac{1}{2}gt^2$

合位移的大小：$s = \sqrt{x^2 + y^2}$

合位移的方向：$\tan \alpha = \dfrac{y}{x} = \dfrac{gt}{2v_0}$

物体的轨迹方程：$y = \dfrac{g}{2v_0^2} x^2$

三、学以致用与拓展

例1 （多选）下列对平抛运动的理解正确的有（　　）

A. 平抛运动是物体只在重力作用下的运动

B. 平抛运动是物体不受任何外力作用的运动

C. 做平抛运动的物体在水平方向的初速度为 0

D. 做平抛运动的物体在竖直方向的初速度为 0

分析 平抛运动模型是在忽略空气阻力情况下的理想模型。通过分析物体的受力情况，做平抛运动的物体仅在竖直方向上受到重力作用，其所受合力为恒力，其加速度等于重力加速度，所以 A 选项正确。B 选项认为平抛运动是物体不受任何外力作用的运动，与平抛运动模型不符，所以 B 选项错误。由平抛运动模型可知，物体是以一定的水平初速度抛出，所以 C 选项错误、D 选项正确。

答案 AD

反思与拓展 平抛运动模型是理想模型，在忽略空气阻力的前提下，物体只受重力作用，以一定的水平速度抛出。理解平抛运动模型可了解平抛运动规律并分析其运动状态。

例2 在距地面高 80 m 的低空有一小型飞机以 30 m/s 的速度水平飞行，假定从飞机上释放一物体，取 $g = 10 \text{ m/s}^2$，不计空气阻力，求：

(1) 物体落地所用的时间；

(2) 物体在下落过程中发生的水平位移大小；

(3) 物体落地前瞬间的速度大小。

分析 物体落地所用的时间由飞机的高度决定,所以由抛体运动规律 $h=\frac{1}{2}gt^2$ 可求解物体的落地时间。物体在下落过程中发生的水平位移由初速度和时间决定。物体落地前瞬间的速度由水平方向的速度和竖直方向的速度决定。

解 (1) 由 $h=\frac{1}{2}gt^2$ 得 $t=\sqrt{\frac{2h}{g}}$,代入数据得物体落地所用的时间为 $t=4$ s。

(2) 水平位移为 $x=v_0t$,代入数据得下落过程中发生的水平位移大小 $x=30\times4$ m $=120$ m。

(3) 竖直方向的速度为 $v_y=\sqrt{2gh}=40$ m/s,故物体落地前瞬间的速度大小 $v=\sqrt{v_0^2+v_y^2}$,代入数据得 $v=50$ m/s。

反思与拓展 物体落地的时间由 $t=\sqrt{\frac{2h}{g}}$ 求出,可见物体落地的时间取决于下落高度 h,与初速度 v_0 无关;物体的水平位移由 $x=v_0t=v_0\sqrt{\frac{2h}{g}}$ 求出,可见水平位移由初速度 v_0 和下落高度 h 共同决定,与其他因素无关;物体落地前瞬间的速度由 $v=\sqrt{v_x^2+v_y^2}=\sqrt{v_0^2+2gh}$ 求出,以 θ 表示落地速度与 x 轴正方向间的夹角,则有 $\tan\theta=\frac{v_y}{v_x}=\frac{\sqrt{2gh}}{v_0}$,所以落地速度只与初速度 v_0 和下落高度 h 有关。

四、学科素养测评

1. 判断下列说法是否正确。
   (1) 水平抛出的物体所做的运动就是平抛运动。 ( )
   (2) 平抛运动的初速度方向与重力方向垂直。 ( )
   (3) 做平抛运动的物体的初速度越大,落地时竖直方向的速度越大。 ( )
   (4) 平抛运动是匀变速曲线运动。 ( )

2. 做平抛运动的物体在水平方向通过的最大距离取决于 ( )
   A. 物体的高度和受到的重力
   B. 物体受到的重力和初速度
   C. 物体的高度和初速度
   D. 物体受到的重力、高度和初速度

3. 某人站在平台上平抛一小球,小球离手时的速度为 v_1,落地时的速度为 v_2,不计空气阻力,下列图示能表示出小球速度的变化过程的是 ( )

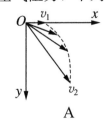
A

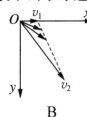
B

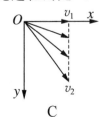
C

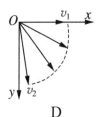
D

4. 学校喷水池中的喷水口向两旁水平喷水，如图 3.3.2 所示，若忽略空气阻力及水之间的相互作用，则（　　）

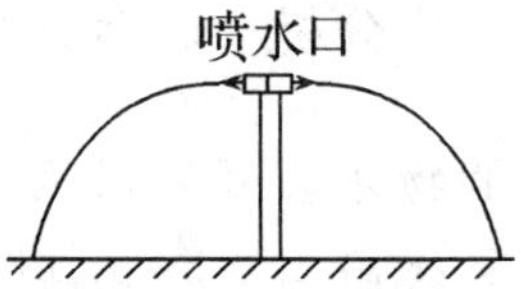

A. 喷水速度一定，喷水口越高，水喷得越远

B. 喷水速度一定，喷水口越高，水喷得越近

C. 喷水口高度一定，喷水速度越小，水喷得越远

D. 喷水口高度一定，水喷得远近与喷水速度无关

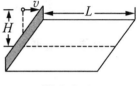

图 3.3.2

5. 将一个物体以 10 m/s 的速度从 5 m 的高度水平抛出，落地时它的速度方向与水平地面的夹角为（不计空气阻力，取 $g=10$ m/s²）（　　）

A. 30°　　　　B. 45°　　　　C. 60°　　　　D. 90°

6. 如图 3.3.3 所示，在网球的网前截击练习中，若练习者在球网正上方距地面 H 处，将球以速度 v 沿垂直球网的方向击出，球刚好落在底线上，已知底线到球网的距离为 L，重力加速度为 g，将球的运动视为平抛运动，则下列说法正确的是（　　）

A. 球的速度 $v=L\sqrt{\dfrac{g}{2H}}$

B. 球从击出至落地所用时间为 $\sqrt{\dfrac{H}{g}}$

C. 球从击球点至落地点的位移等于 L

D. 球从击球点至落地点的位移与球的质量有关

图 3.3.3

7. 关于物体的平抛运动，下列说法正确的是（　　）

A. 初速度越大，物体在空中运动的时间越长

B. 物体落地时的水平位移与初速度无关

C. 物体只受到重力作用，是加速度 $a=g$ 的变速运动

D. 物体落地时的水平位移与抛出点的高度无关

8. 如图 3.3.4 所示，将一个物体从倾角 $\alpha=37°$ 的斜面顶端以初速度 $v_0=4$ m/s 沿着水平方向抛出，最后落在斜面上。若不考虑空气阻力，求：（ $\sin 37°=0.6$，$\cos 37°=0.8$，取 $g=10$ m/s²）

(1) 物体的运动时间；

(2) 物体落到斜面上时位移的大小。

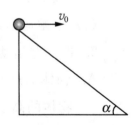

图 3.3.4

第4节 匀速圆周运动

一、核心素养发展要求

1. 了解描述圆周运动的物理量，理解各物理量之间的关系。能结合生活中的实例说明描述匀速圆周运动的各物理量的实际意义和作用。

2. 知道物体做匀速圆周运动的条件，会分析做圆周运动的物体所需向心力的来源。能运用匀速圆周运动模型分析、解释生活中的匀速圆周运动。

3. 能运用匀速圆周运动模型分析、解释生活中的现象，如公路转弯"内高外低"设计，体会模型建构思想。

二、核心内容理解深化

（一）匀速圆周运动

线速度、角速度、周期和频率都可以用来描述匀速圆周运动的快慢，并且它们之间存在着定量关系，即 $\omega = \dfrac{2\pi}{T} = 2\pi f$，$v = \omega r$。

对 $v = \omega r$ 的理解：当 ω 一定时，v 与 r 成正比；当 v 一定时，ω 与 r 成反比。

向心加速度是描述线速度方向变化快慢的物理量，方向指向圆心。对向心加速度公式 $a = \dfrac{v^2}{r} = \omega^2 r$ 的理解：当 v 一定时，a 与 r 成反比；当 ω 一定时，a 与 r 成正比。

向心力的作用效果：向心力产生向心加速度，只改变速度的方向，不改变速度的大小。

向心力的大小：$F_n = ma_n = m\dfrac{v^2}{r} = m\omega^2 r = m\dfrac{4\pi^2}{T^2}r = m\omega v$

向心力的方向：始终沿半径方向指向圆心，且时刻在改变，即向心力是一个变力。

向心力的来源：向心力是按力的作用效果命名的，可以由重力、弹力、摩擦力等各种力提供，也可以由几个力的合力或某个力的分力提供，因此在受力分析中不要单独作为一种力考虑。

（二）离心运动

（1）离心运动的实质：离心运动是物体逐渐远离圆心的一种物理现象，其本质是物体惯性的表现。做圆周运动的物体，总是有沿着圆周切线方向飞出去的倾向，之所以没有飞出去，是因为有向心力的作用。

（2）离心运动的条件：提供向心力的外力突然消失或者外力不能提供足够大的向心力。

（三）圆周运动、离心运动、近心运动的判断

物体做圆周运动、离心运动还是近心运动，由实际提供的向心力的合力 F 与所需向心力 $\left(m\dfrac{v^2}{r}\text{或}\ m\omega^2 r\right)$ 的大小关系决定。

若 $F=m\omega^2 r\left(\text{或}\ m\dfrac{v^2}{r}\right)$，即"提供"等于"需要"，物体做圆周运动。

若 $F>m\omega^2 r\left(\text{或}\ m\dfrac{v^2}{r}\right)$，即"提供"大于"需要"，物体做半径变小的近心运动。

若 $F<m\omega^2 r\left(\text{或}\ m\dfrac{v^2}{r}\right)$，即"提供"小于"需要"，物体做半径变大的离心运动。

若 $F=0$，物体沿切线飞出，逐渐远离圆心。

三、学以致用与拓展

例1 （多选）质点做匀速圆周运动时（　　）

A．线速度越大，其转速越大

B．角速度越大，其转速一定越大

C．线速度一定时，半径越大，则周期越大

D．无论半径大小如何，角速度越大，则质点的速度方向变化得越快

分析 此题考查的是对线速度、角速度、转速（频率）、周期之间关系的理解，它们之间的换算关系有 $v=\omega R$，$v=\dfrac{2\pi R}{T}$，$\omega=\dfrac{2\pi}{T}=2\pi f$，$T=\dfrac{2\pi R}{v}=\dfrac{1}{f}$。由公式 $\dfrac{2\pi R}{v}=\dfrac{1}{f}$ 可知，只有当半径一定时，线速度越大，其转速越大，所以 A 选项错误；由公式 $\omega=2\pi f$ 可知，角速度与频率（转速）成正比，选项 B 正确；由公式 $v=\dfrac{2\pi R}{T}$ 可知，线速度一定时，半径与周期成正比，选项 C 正确；角速度也是描述圆周运动快慢的物理量，因此角速度越大，圆周运动越快，质点的速度方向变化得越快，选项 D 正确。

答案 BCD

反思与拓展 对线速度、角速度、转速（频率）、周期之间关系的理解，需要熟练掌握各物理量之间的关系式。如图 3.4.1 所示，B 和 C 是一组塔轮，即 B 和 C 的半径不同，但固定在同一转轴上，其半径之比为 $R_B:R_C=3:2$，A 轮的半径大小与 C 轮相同，它与 B 轮紧靠在一起，当 A 轮绕过其中心的竖直轴转动时，由于摩擦力作用，B 轮也随之无滑动地转动起来，A、B 靠摩擦传动，则边缘上 a、b 两点的线速度大小相等，即 $v_a:v_b=1:1$；B、C 同轴转动，则边缘上 b、c 两点的角速度相等，即 $\omega_b=\omega_c$，转速之比 $n_b:n_c=\omega_b:\omega_c=1:1$。

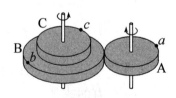

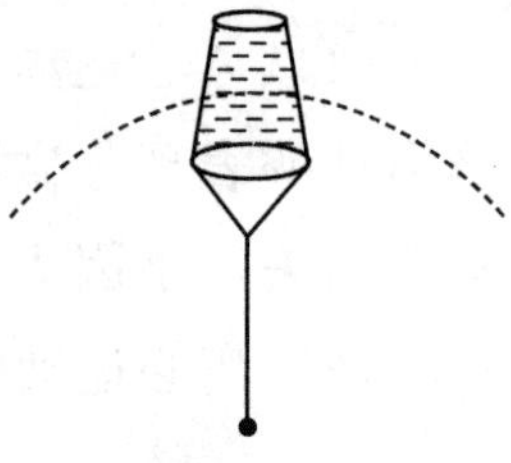

图 3.4.1

例2 杂技演员在做"水流星"表演时，用一根细绳系着盛水的杯子，抡起绳子，让杯子在竖直平面内做圆周运动，如图 3.4.2 所示。杯内水的质量 $m=0.5$ kg，绳长 $L=60$ cm。求：（取 $g=10$ m/s²）

图 3.4.2

(1) 当杯子在最高点时，水不流出的最小速率；

(2) 当杯子在最高点的速率为 3 m/s 时，水对杯底的压力大小。

分析 （1）当杯子运动到最高点时，设速度为 v 时水恰好不流出，水的重力刚好提供其做圆周运动的向心力，根据牛顿第二定律得 $mg = m\dfrac{v^2}{L}$，可计算出最小速率。

（2）分析水的受力情况可知，在最高点时由水的重力和杯底对水的支持力的合力提供水做圆周运动的向心力。由牛顿第二定律可列出向心力与向心加速度的方程，进而求出杯底对水的支持力。由牛顿第三定律可知水对杯底的压力等于杯底对水的支持力。

解 （1）由牛顿第二定律得 $mg = m\dfrac{v^2}{L}$，代入数据解得 $v = \sqrt{6}$ m/s。

（2）由牛顿第二定律得 $F_N + mg = m\dfrac{v^2}{L}$，代入数据解得 $F_N = 2.5$ N。由牛顿第三定律可知，水对杯底的压力大小为 2.5 N。

反思与拓展 通过计算可知，杯子在最高点时水不流出的最小速率为 $\sqrt{6}$ m/s，约为 2.4 m/s，此时水对杯底的压力为零。这相当于航天器中的失重现象，当航天器在近地轨道做匀速圆周运动时，轨道半径近似等于地球半径 R，宇航员所受地球引力近似等于重力 mg。宇航员受到的地球引力与座舱对他的支持力的合力为他提供向心力，即 $mg + F_N = m\dfrac{v^2}{R}$，所以 $F_N = m\dfrac{v^2}{R} - mg$。当 $v = \sqrt{gR}$ 时，座舱对宇航员的支持力 $F_N = 0$，宇航员处于完全失重状态。

四、学科素养测评

1. 一个物体以固定角速度 ω 做匀速圆周运动，圆周运动的轨道半径与线速度、周期之间的关系是（　　）

  A. 轨道半径越大，线速度越大　　　　B. 轨道半径越大，线速度越小

  C. 轨道半径越大，周期越大　　　　　D. 轨道半径越大，周期越小

2. 如图 3.4.3 所示，普通轮椅一般由轮椅架、车轮、刹车装置等组成。车轮有大车轮和小车轮，大车轮上固定有手轮圈。已知大车轮、手轮圈、小车轮的半径之比为 9∶8∶1，假设轮椅在地面上做直线运动，手和手轮圈之间、车轮和地面之间都不打滑，当手推手轮圈的角速度为 ω 时，小车轮的角速度为（　　）

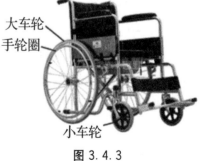

图 3.4.3

  A. ω　　B. $\dfrac{1}{8}\omega$　　C. $\dfrac{9}{8}\omega$　　D. 9ω

3. （多选）如图 3.4.4 所示为一皮带传动装置，右轮半径为 r，a 为其边缘上一点；左侧是一轮轴，大轮半径为 $4r$，小轮半径为 $2r$，b 点在小轮上，到小轮中心的距离为 r。c 点和 d 点分别位于左侧小轮和大轮的边缘上。若传动过程中皮带不

图 3.4.4

打滑，则（　　）

  A. a 点和 b 点的线速度大小相等   B. a 点和 b 点的角速度大小相等

  C. a 点和 c 点的线速度大小相等   D. a 点和 d 点的线速度大小不相等

4. （多选）如图 3.4.5 所示，用模拟实验来研究汽车通过拱桥的最高点时对桥面的压力。在较大的平直木板上相隔一定距离钉几个钉子，将三合板弯曲成拱形卡入钉子内形成拱桥，在三合板上表面事先铺上一层牛仔布以增加摩擦，这样玩具车就可以在桥面上跑起来了。把这套系统放在电子秤上做实验，关于实验中电子秤的示数，下列说法正确的是（　　）

图 3.4.5

  A. 玩具车静止在拱桥顶端时的示数比运动通过拱桥顶端时小

  B. 玩具车运动通过拱桥顶端时的示数比静止在拱桥顶端时大

  C. 玩具车运动通过拱桥顶端时处于超重状态

  D. 玩具车运动通过拱桥顶端时速度越大（未离开拱桥），示数越小

5. 如图 3.4.6 所示，光滑水平面上小球在拉力 F 的作用下做匀速圆周运动，若小球运动到 P 点时，拉力 F 发生变化，则下列关于小球运动情况的说法错误的是（　　）

  A. 若拉力突然消失，则小球将沿轨迹 a 做离心运动

  B. 若拉力突然变小，则小球将沿轨迹 a 做离心运动

  C. 若拉力突然变小，则小球将可能沿轨迹 b 做离心运动

  D. 若拉力突然变大，则小球将可能沿轨迹 c 做近心运动

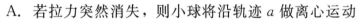

图 3.4.6

6. 如图 3.4.7 所示，当汽车通过拱桥顶点的速度为 10 m/s 时，车对桥顶的压力为车重的 $\frac{3}{4}$；如果要使汽车行驶至桥顶时，恰好不受桥面支持力的作用，那么汽车通过桥顶的速度应为（取 $g=10 \text{ m/s}^2$）（　　）

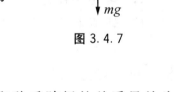

图 3.4.7

  A. 15 m/s   B. 20 m/s

  C. 25 m/s   D. 30 m/s

7. 已知荡秋千表演中秋千的两根绳长均为 10 m，演员和秋千踏板的总质量约为 50 kg，绳的质量忽略不计。当演员荡到秋千支架的正下方时，速度大小为 8 m/s，求此时每根绳子平均承受的拉力大小。

本章综合检测卷

一、选择题

1. 一只竹排以 4 m/s 的速度垂直河岸航行，水流速度为 3 m/s，河岸的宽度为 20 m，则这只竹排航行到对岸的过程中位移大小为（　　）

   A. 15 m　　　B. 20 m　　　C. 25 m　　　D. 30 m

2. 在许多情况下，跳伞员跳伞后最初一段时间并不张开降落伞，跳伞员做加速运动，随后降落伞张开，跳伞员做减速运动，如图所示。跳伞员降落的速度降至一定值后便不再降低，跳伞员以这一速度做匀速运动直至落地。无风时某跳伞运动员竖直下落，着地时的速度是 4 m/s。现在有风使他以 3 m/s 的速度沿水平方向向东运动，那么他的着地速度是（　　）

   第 2 题图

   A. 3 m/s　　　B. 4 m/s　　　C. 5 m/s　　　D. $\sqrt{7}$ m/s

3. 将一物体以 9.8 m/s 的初速度水平抛出，经过一段时间后物体的末速度大小为初速度大小的 $\sqrt{3}$ 倍，不计空气阻力，则这段时间是（　　）

   A. $\sqrt{3}$ s　　　B. $\sqrt{2}$ s　　　C. $\dfrac{\sqrt{3}}{3}$ s　　　D. $\dfrac{\sqrt{2}}{2}$ s

4. 如图所示，将甲、乙两小球以不同的初速度同时水平抛出，它们均落在水平地面上的 P 点，甲球抛出时的高度比乙球的高，P 点到两球抛出点的水平距离相等，不计空气阻力。与乙球相比，甲球（　　）

   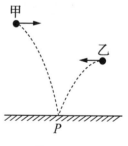

   第 4 题图

   A. 初速度较大
   B. 速度变化率较大
   C. 落地时速度一定较大
   D. 落地时速度方向与其初速度方向的夹角较大

5. 明代出版的《天工开物》一书中有牛力齿轮翻车的图画，记录了我们祖先的劳动智慧。若 A、B、C 三个齿轮半径的大小关系如图所示（$r_A > r_B > r_C$），则下列关于 A、B、C 三个齿轮的线速度和角速度的关系正确的是（　　）

   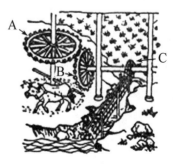

   第 5 题图

   A. $v_A = v_B$　　　B. $v_A < v_B$
   C. $\omega_A = \omega_B$　　　D. $\omega_B > \omega_C$

6. 如图所示，小强同学正在荡秋千，关于绳上 a 点和 b 点的线速度与角速度，下列关系正确的是（　　）

A．$v_a = v_b$　　　　B．$v_a > v_b$

C．$\omega_a = \omega_b$　　　　D．$\omega_a < \omega_b$

第 6 题图

7. 摩托车正沿圆弧弯道以不变的速率行驶，则它（　　）

A．受到重力、支持力和向心力的作用

B．所受地面的作用力恰好与重力平衡

C．所受的合力可能不变

D．所受的合力始终变化

8. 在天宫二号中工作的航天员处于失重状态，可以自由悬浮在空中，下列分析正确的是（　　）

A．失重就是航天员不受力的作用

B．失重的原因是航天器离地球太远，从而摆脱了地球引力的束缚

C．失重是航天器特有的现象，在地球上不可能存在失重现象

D．正是由于引力的存在，才使航天员有可能做环绕地球的圆周运动

二、计算与简答题

9. 如图所示为自动喷水装置的示意图。喷头的高度为 H，喷水管的直径为 d，喷水速度为 v，若要增大喷洒距离 L，说说采用下列哪种方法有效并说明理由。

(1) 减小喷水的速度 v；

(2) 增大喷水的速度 v；

(3) 减小喷头的高度 H；

(4) 增大喷水管的直径 d。

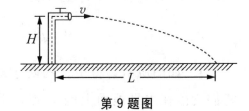

第 9 题图

10. 如图所示，在水平路面上一运动员驾驶摩托车跨越壕沟，壕沟两侧的高度差为 0.8 m，水平距离为 8 m，则运动员跨过壕沟的初速度至少为多少？（取 $g = 10$ m/s²）

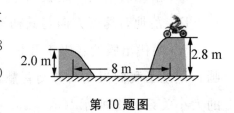

第 10 题图

11. 如图所示，摩天轮悬挂的座舱在竖直平面内做匀速圆周运动。座舱的质量为 m，运动半径为 R，角速度大小为 ω，重力加速度为 g，求座舱做匀速圆周运动的周期、线速度和向心力的大小。

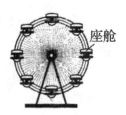

第 11 题图

12. 在救灾过程中，有时需出动军用直升机为被困灾民空投物资。直升机空投物资时，可以停留在空中不动。设投出的物资离开直升机后由于降落伞的作用在空中能匀速下落，无风时的落地速度为 5 m/s。若直升机停留在离地面 100 m 的高处空投物资，由于在水平方向上受风的作用，降落伞和物资获得大小为 1 m/s 的水平方向的恒定速度。求：

(1) 物资在空中运动的时间；

(2) 物资落地时速度的大小；

(3) 物资在下落过程中沿水平方向移动的位移大小。

13. 在科技馆中,"小球旅行记"吸引了很多小朋友观看。"小球旅行记"可简化为下图。实验装置中,处在 P 点的质量为 m 的小球,由静止沿半径为 R 的光滑 $\frac{1}{4}$ 圆弧轨道下滑到最低点 Q 时,对轨道的压力为 $2mg$,小球从 Q 点水平飞出后垂直撞击到倾角为 $30°$ 的斜面上的 S 点。不计摩擦和空气阻力,已知重力加速度的大小为 g,求:

(1) 小球从 Q 点飞出时的速度大小;

(2) Q 点到 S 点的水平距离。

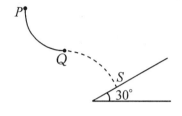

第 13 题图

14. 有一辆质量为 $800~\text{kg}$ 的小汽车驶上圆弧半径为 $50~\text{m}$ 的拱桥。(取 $g=10~\text{m/s}^2$)

(1) 若汽车到达桥顶时速度为 $5~\text{m/s}$,求桥对汽车的支持力 F_N 的大小;

(2) 若汽车经过桥顶时恰好对桥顶没有压力而腾空,求汽车此时的速度大小 v;

(3) 已知地球半径 $R=6~400~\text{km}$,现设想一辆沿赤道行驶的汽车,若不考虑空气阻力的影响,也不考虑地球自转,那么它开到多快时就可以"飞"起来?

第4章 万有引力与航天应用

第1节 开普勒行星运动定律

一、核心素养发展要求

1. 了解人类对行星运动规律的认识历程，了解开普勒行星运动定律，尊重客观事实，培养实事求是及勇于探索的科学态度。

2. 了解开普勒行星运动定律的建立过程，培养在客观事实的基础上通过分析、推理提出科学假设，再经过实验验证，从而正确认识事物本质的思维方法。

二、核心内容理解深化

（一）开普勒第一定律（轨道定律）

所有行星绕太阳运动的轨道都是椭圆，太阳处在椭圆的一个焦点上。

（二）开普勒第二定律（面积定律）

对任意一个行星来说，它与太阳的连线在相等时间内扫过的面积相等。

（三）开普勒第三定律（周期定律）

所有行星轨道的半长轴的三次方与它的公转周期的二次方的比都相等，可表示为

$$\frac{a^3}{T^2}=k$$

开普勒行星运动定律不仅适用于行星，也适用于其他天体，如绕行星运动的卫星、绕太阳运动的彗星等。

在具体运用开普勒行星运动定律时，可以将行星的运动近似看作匀速圆周运动，轨道从椭圆近似成了圆，因此太阳所在位置变成了圆心，行星轨道的半长轴变成了半径，这样开普勒行星运动定律也得到了简化，可以进行简便运算。

三、学以致用与拓展

例1 在"金星凌日"的天象中,观察到太阳表面上有颗小黑点在缓慢移动,持续时间达六个半小时,那便是金星,如图 4.1.1 所示。下列说法正确的是( )

A. 地球在金星与太阳之间

B. 观测"金星凌日"时可将太阳看成质点

C. 金星绕太阳公转的周期小于 365 天

D. 当金星远离太阳时,在相同时间内,金星与太阳的连线扫过的面积变小

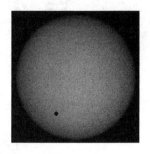

图 4.1.1

分析 本题为一道综合运用题,考查光的直线传播、质点、开普勒行星运动规律等知识。

A. "金星凌日"现象的成因是光的直线传播,当金星转到太阳与地球中间且三者在同一条直线上时,金星挡住了沿直线传播的太阳光,人们看到的太阳上的黑点实际上是金星,由此可知发生"金星凌日"现象时,金星位于地球和太阳之间,故 A 错误。

B. 观测"金星凌日"时,如果将太阳看成质点,将无法看到"金星凌日"现象,故 B 错误。

C. 根据开普勒第三定律可得 $\dfrac{R_{金}^3}{T_{金}^2}=\dfrac{R_{地}^3}{T_{地}^2}$。依题意有 $R_{金}<R_{地}$,又因为 $T_{地}=365$ 天,解得 $T_{金}<365$ 天,故 C 正确。

D. 根据开普勒第二定律,可知在同一轨道、相同时间内,金星与太阳的连线扫过的面积相等,故 D 错误。

答案 C

反思与拓展 运用开普勒第三定律解题时,只要保证等号两边各个量的单位相同,可以不将单位化为国际单位制中的基本单位。

例2 地球的公转轨道接近圆,但彗星的运动轨道则是一个非常扁的椭圆,天文学家哈雷曾经在 1682 年跟踪过一颗彗星,他算出这颗彗星轨道的半长轴约等于地球轨道半径的 18 倍,并预言这颗彗星将每隔一定时间就会出现。之后哈雷的预言得到了证实,该彗星被命名为哈雷彗星。哈雷彗星最近出现的时间是 1986 年,请你根据开普勒第三定律$\left(\dfrac{a^3}{T^2}=k,\right.$ 其中 T 为行星绕太阳公转的周期,a 为轨道的半长轴$\left.\right)$,估算它下次飞近地球是哪一年。

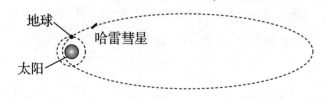

图 4.1.2

分析 题中有隐含条件，地球公转周期等于1年，由开普勒第三定律可知，k是一个与行星无关而与太阳有关的常量。

解 根据开普勒第三定律有$\dfrac{R_{地}^3}{T_{地}^2}=\dfrac{a_{彗}^3}{T_{彗}^2}=\dfrac{(18R_{地})^3}{T_{彗}^2}$，解得$T_{彗}\approx 76T_{地}=76$年。

故哈雷彗星下次飞近地球预计将在2062年。

反思与拓展 解决与行星有关的问题时，地球的公转周期是隐含条件，可以将太阳系中的其他行星和地球的公转周期、公转半径相联系，再利用开普勒第三定律求解。

四、学科素养测评

1. 下列说法正确的是（　　）

    A. 所有行星绕太阳运动的轨道都是椭圆，太阳处在椭圆的一个焦点上

    B. 所有行星绕太阳运动的轨道都是圆，太阳处在圆心上

    C. 所有行星公转周期的三次方与运动轨道的半长轴的二次方的比值都相等

    D. 不同行星绕太阳运动的椭圆轨道都是相同的

2. 如图4.1.3所示是行星甲绕恒星乙运动情况的示意图，下列说法正确的是（　　）

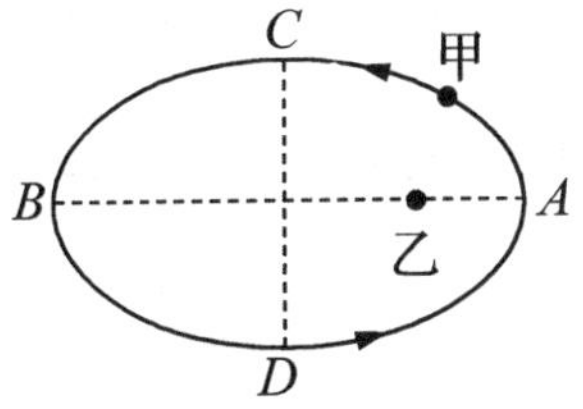

    A. 速度最大的点是A点

    B. 速度最小的点是C点

    C. 甲从A到B做加速运动

    D. 甲从B到A做减速运动

图4.1.3

3. 某人造地球卫星绕地球做匀速圆周运动，其轨道半径为月球绕地球运转半径的$\dfrac{1}{9}$，设月球绕地球运动的周期为27天，则此卫星的运转周期大约是（　　）

    A. $\dfrac{1}{9}$天　　　　B. $\dfrac{1}{3}$天　　　　C. 1天　　　　D. 9天

4. 下列关于行星运动的说法正确的是（　　）

    A. 地球是宇宙的中心，太阳、月球及其他行星都绕地球运动

    B. 太阳是静止不动的，地球和其他行星都绕太阳转动

    C. 地球是绕太阳运动的一颗行星

    D. "日心说"比"地心说"完美，因此哥白尼的"日心说"完全正确

5. 中国农历中的春分、夏至、秋分、冬至四个节气将一年分为春、夏、秋、冬四季，在天文学上，春分、夏至、秋分、冬至时地球绕太阳运行的位置大致如图4.1.4所示。从地球绕太阳运动的规律入手，下列判断正确的是（　　）

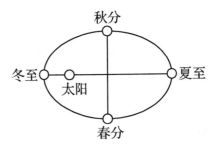

图4.1.4

A. 在冬至前后，地球绕太阳的运行速率较大

B. 在夏至前后，地球绕太阳的运行速率较大

C. 秋、冬两季与春、夏两季时间相等

D. 秋、冬两季比春、夏两季时间长

6. 木星的公转周期为12个地球年，设地球至太阳的距离为1天文单位，那么木星至太阳的距离约为_____天文单位。

7. 开普勒第三定律指出：行星绕太阳运动的椭圆轨道的半长轴 a 的三次方与它的公转周期 T 的二次方成正比，即 $\dfrac{a^3}{T^2}=k$，k 是一个与行星无关，与太阳有关的常量。

（1）现将行星绕太阳的运动简化为匀速圆周运动模型，已知引力常量为 G，太阳的质量为 M，行星到太阳的距离为 r，运行周期为 T。请结合万有引力定律和牛顿运动定律推导常量 k 的表达式。

（2）小明在图书馆查阅资料后了解到：已知月球绕地球做圆周运动的半径为 R_1，周期为 T_1；某探月卫星绕月球做圆周运动的半径为 R_2，周期为 T_2，引力常量为 G。他认为，若不计周围其他天体的影响，根据开普勒第三定律，应该满足 $\dfrac{R_1^3}{T_1^2}=\dfrac{R_2^3}{T_2^2}$，请判断他的观点是否正确，并说明理由。

第2节　万有引力定律

一、核心素养发展要求

1. 会用万有引力定律公式解决简单的引力问题，构建万有引力具有普遍适用性的观念。

2. 了解万有引力定律的建立过程，渗透科学规律发现过程中大胆猜想与严格求证的思维方法。通过天体质量的计算过程，建立解决天体问题的物理模型。通过卡文迪许实验，进一步了解转换法。

3. 认识万有引力定律的科学成就，体会科学的迷人魅力，进一步激发探索太空、了解太空的兴趣。

二、核心内容理解深化

（一）万有引力定律

自然界中任何两个物体都是相互吸引的，引力的方向沿两个物体的连线，引力的大小 F 与两个物体质量的乘积 m_1m_2 成正比，与两个物体间的距离 r 的平方成反比，表达式为

$$F=G\frac{m_1m_2}{r^2}$$

式中，引力常量 $G=6.67\times10^{-11}$ N·m²/kg²。

万有引力定律适用于任意两个物体。关于公式中 r 的意义：如果是可以看作质点的两个物体间的引力，那么取两质点间的距离；如果是两个球体，那么取它们球心之间的距离。万有引力定律说明天上和地上的物体都遵循完全相同的科学法则。

虽然万有引力定律适用于任意两个物体，但当两个物体靠得非常近时就不适用了，所以两个物体之间的引力不会无限大。

三、学以致用与拓展

例1 现代宇宙学理论告诉我们，恒星在演变过程中，可能会形成密度很大的天体，如白矮星、中子星或黑洞。某中子星物质的密度 ρ 约为 1.5×10^{17} kg/m³，若此中子星的半径 r 为 10 km，求此中子星表面的重力加速度大小。

分析 星球表面物体所受的重力 mg 是由该星球对其的万有引力提供的，根据万有引力定律可直接求解。

解 中子星的质量 $M=\frac{4}{3}\pi r^3\rho$。根据万有引力定律有

$$mg=G\frac{mM}{r^2}$$

解得 $g=G\dfrac{M}{r^2}=G\dfrac{\rho\cdot\frac{4}{3}\pi r^3}{r^2}=\frac{4}{3}\pi G\rho r$

$=\frac{4}{3}\pi\times6.67\times10^{-11}\times1.5\times10^{17}\times10^4$ m/s² $\approx4.19\times10^{11}$ m/s²

反思与拓展 本题考查了求卫星表面的重力加速度问题。对于任何天体，根据万有引力提供重力的思路，应用牛顿第二定律与密度公式即可求解。

例 2 "土卫一"是土星的一颗卫星，其轨道半径约为 1.87×10^8 m，轨道周期大约是 23 h。试运用万有引力定律以及开普勒第三定律计算土星的质量。

分析 "土卫一"所需的向心力是由土星对其的万有引力提供的，根据向心力公式与万有引力定律可直接求解。

解 根据向心力公式及万有引力定律有

$$F=m\left(\frac{2\pi}{T}\right)^2 r=G\frac{mM}{r^2}$$

解得

$$M=\frac{4\pi^2 r^3}{GT^2}=\frac{4\pi^2\times(1.87\times10^8)^3}{6.67\times10^{-11}\times(23\times3\ 600)^2}\ \text{kg}\approx5.64\times10^{26}\ \text{kg}$$

反思与拓展 天体质量的计算依据是物体绕中心天体做匀速圆周运动，万有引力充当向心力，因此解题时应首先明确其轨道半径，再根据其他已知条件列出相应方程。

例 3 已知地球的质量 $M_{地}$ 为 5.98×10^{24} kg，半径 $R_{地}$ 为 6.4×10^3 km，著名的哈勃空间望远镜的轨道高度为 6.1×10^2 km，试求它的环绕速度。

分析 地球对空间望远镜的万有引力就是向心力，根据向心力公式与万有引力定律可直接求解。

解 根据向心力与万有引力定律公式可得

$$m\frac{v^2}{R_{地}+h}=G\frac{M_{地}m}{(R_{地}+h)^2}$$

解得

$$v=\sqrt{\frac{GM_{地}}{R_{地}+h}}=\sqrt{\frac{6.67\times10^{-11}\times5.98\times10^{24}}{6.4\times10^6+6.1\times10^5}}\ \text{m/s}\approx7.5\ \text{km/s}$$

反思与拓展 解决天体运动问题的关键点有两个：一是紧扣物理模型，将天体（或卫星）的运动看成匀速圆周运动；二是紧扣天体（或卫星）的向心力由万有引力提供。在向心加速度、线速度、角速度和周期四个物理量中，只有周期的值随轨道半径的增大而增大，其余三个物理量均随轨道半径的增大而减小。

四、学科素养测评

1. 2022 年 4 月 16 日，我国大气环境监测卫星发射成功，可实现对大气环境的全天候综合监测，进一步提升我国对二氧化碳和大气污染物的遥感监测能力，为减污降碳、协同增效再添利器。卫星近似在离地面高 h 的圆形轨道上绕地球运动。设地球的质量为 M，半径为 R，卫星的质量为 m，则卫星受到地球的引力为（　　）

A. $G\dfrac{mM}{R}$　　　　B. $G\dfrac{mM}{R+h}$　　　　C. $G\dfrac{mM}{R^2}$　　　　D. $G\dfrac{mM}{(R+h)^2}$

2. 一个物体在地球表面所受的引力为 F，则它在距地面高度为地球半径的 2 倍时，

所受的引力为（ ）

A. $\dfrac{F}{2}$ B. $\dfrac{F}{3}$ C. $\dfrac{F}{4}$ D. $\dfrac{F}{9}$

3. 下列现象中，不属于由万有引力引起的是（ ）

　A. 银河系球形星团聚集不散　　　　B. 月球绕地球运动而不离去

　C. 电子绕核旋转而不离去　　　　　D. 树上的果子最终总是落向地面

4. 一名宇航员来到一个星球上，如果该星球的质量是地球质量的一半，直径也是地球直径的一半，那么这名宇航员在该星球上所受的万有引力的大小是他在地球上所受万有引力的（ ）

　A. 0.25倍　　　B. 0.5倍　　　C. 2倍　　　D. 4倍

5. 2018年12月8日，我国发射的"嫦娥四号"探测器成功升空，并于2019年1月3日实现了人造探测器首次在月球背面软着陆。在探测器逐渐远离地球、飞向月球的过程中（ ）

　A. 地球对探测器的引力增大　　　　B. 地球对探测器的引力减小

　C. 月球对探测器的引力减小　　　　D. 月球对探测器的引力不变

6. 地球质量约为冥王星质量的9倍，半径约为冥王星的2倍，则地面的重力加速度与冥王星表面的重力加速度之比为_____。

7. 目前普遍认为，质子、中子都不是奇异粒子，它们也是有内部结构的。例如，一个质子由两个u夸克和一个d夸克组成。已知一个夸克的质量为7.1×10^{-30} kg，那么当两个夸克相距1.0×10^{-16} m时，它们之间的万有引力为多大？

8. 一位航天员来到一颗未知星球上，资料显示该星球的半径为R。请设计一个实验，利用秒表和刻度尺估算出该星球的质量。（引力常量G已知）

9. 如图 4.2.1 所示，当一个质量为 2 000 kg 的航天器在离地球中心 2r 的轨道上运行时（离地球表面一段距离，距离为 r＝6 380 km），它受到的万有引力是多少？

图 4.2.1

第 3 节　宇宙速度与航天应用

一、核心素养发展要求

1. 从力的视角探究卫星发射与运行的原理，进一步认识运动与相互作用的关系。

2. 了解牛顿"平抛石头"的设想，体会卫星围绕地球的运动可简化成卫星围绕地球做匀速圆周运动的模型思维。

3. 了解人造卫星运动的第一宇宙速度。

4. 通过了解人类在太空探索以及我国在航天和宇宙探索方面的成就与进展，增强民族自豪感与文化自信。

二、核心内容理解深化

（一）宇宙速度

（1）第一宇宙速度：卫星在地球附近绕地球做匀速圆周运动的速度，也叫环绕速度。

第一宇宙速度的推导：万有引力提供向心力，即

$$G\frac{Mm}{R^2}=m\frac{v^2}{R}$$

解得

$$v=\sqrt{\frac{GM}{R}}\approx 7.9 \text{ km/s}$$

（2）第二宇宙速度：使卫星挣脱地球引力束缚的最小地面发射速度，又叫脱离速度，即 11.2 km/s。

（3）第三宇宙速度：使卫星挣脱太阳引力束缚的最小地面发射速度，又叫逃逸速度，即 16.7 km/s。

（二）人造地球卫星

对于绕地球做匀速圆周运动的卫星，近地卫星的环绕速度最大，等于第一宇宙速度 7.9 km/s。卫星的环绕半径 R 越大，环绕速度 v 越小，向心加速度 a 越小，周期 T 越大。

地球同步卫星的轨道平面与赤道平面重合，位于赤道上方高约 36 000 km 处，相对地面静止，其周期与地球一致，即 $T = 24$ h。

三、学以致用与拓展

例1 设"嫦娥一号"月球探测器的轨道是圆形的，且贴近月球表面。已知月球质量约为地球质量的 $\frac{1}{81}$，月球半径约为地球半径的 $\frac{1}{4}$，地球上的第一宇宙速度约为 7.9 km/s，试求该探月卫星绕月运行的速度。（引力常量为 G）

分析 第一宇宙速度是近地卫星的环绕速度，探月卫星贴近月球表面，运行的速率即为月球的第一宇宙速度。根据月球质量和地球质量的关系以及月球半径和地球半径的关系，由第一宇宙速度的表达式求出月球的第一宇宙速度和地球的第一宇宙速度的关系，从而求出月球的第一宇宙速度大小。

解 该探月卫星的绕月速率即为月球的第一宇宙速度，则

$$v_{月} = \sqrt{\frac{GM_{月}}{R_{月}}}$$

将 $R_{月} = \frac{1}{4} R_{地}$，$M_{月} = \frac{1}{81} M_{地}$ 代入上式，可得

$$v_{月} = \frac{2}{9} \sqrt{\frac{GM_{地}}{R_{地}}} = \frac{2}{9} \times 7.9 \text{ km/s} \approx 1.8 \text{ km/s}$$

反思与拓展 本题考查人造卫星的速度、质量和半径的关系，万有引力定律及其应用。要求解一个物理量的大小，应先把这个物理量表示出来，再根据已知量进行求解。向心力的公式要根据题目提供的已知物理量或所求解的物理量选取。

例2 2019年1月3日，"嫦娥四号"探测器首次在月球背面软着陆，开展原位和巡视探测。假设"嫦娥四号"登月飞船贴近月球表面做匀速圆周运动，月球车在月球软着陆后，自动机器人在月球表面上将一小球从 h 高度自由下落，测得小球经时间 t 落回地面。已知月球半径为 R，引力常量为 G，月球质量分布均匀，求：

（1）月球表面的重力加速度；

（2）月球的第一宇宙速度。

分析 根据自由落体运动的特点，求出月球表面的重力加速度；根据万有引力提供向心力，求出第一宇宙速度。

解（1）根据自由落体运动规律可得 $h = \frac{1}{2} g_{月} t^2$，解得月球表面的重力加速度为

$g_{月}=\dfrac{2h}{t^2}$。

（2）设月球的质量为 M，则在月球表面有 $G\dfrac{mM}{R^2}=mg_{月}$，"嫦娥四号"贴近月球表面做匀速圆周运动，由万有引力提供向心力可得

$$G\dfrac{mM}{R^2}=m\dfrac{v^2}{R}$$

可得月球的第一宇宙速度为 $v=\dfrac{\sqrt{2hR}}{t}$。

反思与拓展 对于任何天体，计算第一宇宙速度时，都是根据万有引力提供向心力，卫星的轨道半径约等于天体的半径，由牛顿第二定律列式计算。

四、学科素养测评

1. 下列关于三种宇宙速度的说法正确的是（   ）

A. 第一宇宙速度为 $v_1=7.9$ km/s，第二宇宙速度为 $v_2=11.2$ km/s，则人造卫星绕地球在圆形轨道上运行时的速度大于等于 v_1 且小于 v_2

B. 美国发射的"凤凰号"火星探测卫星，其发射速度大于第二宇宙速度

C. 第三宇宙速度是在地面附近使物体可以挣脱地球引力束缚，成为绕太阳运行的人造行星的最小发射速度

D. 第一宇宙速度 7.9 km/s 是人造地球卫星绕地球做圆周运动的最小运行速度

2. 2017 年 9 月 25 日，微信启动页"变脸"：由此前美国卫星拍摄的地球静态图换成了我国"风云四号"卫星拍摄的地球动态图，如图 4.3.1 所示。"风云四号"是一颗静止轨道卫星，关于"风云四号"，下列说法正确的是（   ）

更换前　　　　　　　　　更换后

图 4.3.1

A. 不能全天候监测同一地区

B. "风云四号"的运行速度大于第一宇宙速度

C. 在相同时间内该卫星与地心的连线扫过的面积相等

D. "风云四号"做匀速圆周运动的向心加速度大于地球表面的重力加速度

3. 2013 年 6 月 11 日，"神舟十号"飞船在酒泉卫星发射中心发射升空，航天员王亚

平在"神舟十号"上进行了首次太空授课。在飞船进入圆形轨道环绕地球飞行时，它的速度大小（　　）

A. 等于 7.9 km/s　　　　　　B. 介于 7.9 km/s 和 11.2 km/s 之间

C. 小于 7.9 km/s　　　　　　D. 介于 7.9 km/s 和 16.7 km/s 之间

4. 北斗卫星导航系统是我国自行研制的卫星导航系统，建成后的北斗卫星导航系统由 5 颗地球同步卫星和多颗其他卫星组网而成。关于这些卫星，下列说法正确的是（　　）

A. 5 颗地球同步卫星的轨道半径不都相同

B. 5 颗地球同步卫星的运行轨道不一定在同一平面内

C. 北斗卫星导航系统所有卫星的运行速度一定不大于第一宇宙速度

D. 北斗卫星导航系统所有卫星中，运行轨道半径越大的周期越小

5. 如图 4.3.2 所示，飞船从轨道 1 变轨至轨道 2。若飞船在两轨道上都做匀速圆周运动，不考虑飞船质量的变化，相对于在轨道 1 上，飞船在轨道 2 上的（　　）

A. 线速度更大　　　　B. 向心加速度更大

C. 运行周期更短　　　D. 角速度更小

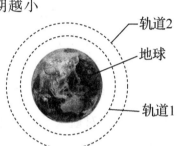

图 4.3.2

6. 据报道，某国发射了一颗周期为 80 min 的人造地球卫星，用你学过的知识判断这则新闻的真伪。

7. 恒星演化发展到一定阶段，可能成为恒星世界的"侏儒"——中子星，中子星的半径较小，但它的密度大得惊人。某中子星的半径为 10 km，密度为 $1.2×10^{17}$ kg/m³，那么该中子星上的第一宇宙速度约为多大？（结果保留两位有效数字）

本章综合检测卷

一、单项选择题

1. 下列关于行星绕太阳运动的说法正确的是（　　）

A. 所有行星都在同一椭圆轨道上绕太阳运动

B. 行星绕太阳运动时，太阳位于行星轨道的中心处

C. 行星在椭圆轨道上绕太阳运动的过程中，其速度与行星和太阳之间的距离有关，距离小时速度小，距离大时速度大

D. 离太阳越近的行星的运动周期越短

2. 航天员从中国空间站乘坐返回舱返回地球的过程中，随着返回舱离地球越来越近，地球对航天员的万有引力（　　）

A. 变大　　　　　B. 不变　　　　　C. 变小　　　　　D. 大小变化无法确定

3. 火星和木星沿各自的椭圆轨道绕太阳运行，根据开普勒行星运动定律可知（　　）

A. 太阳位于木星运行轨道的中心

B. 火星与木星的公转周期之比的平方等于它们的轨道半长轴之比的立方

C. 火星和木星绕太阳运行速度的大小始终相等

D. 相同时间内，火星与太阳的连线扫过的面积等于木星与太阳的连线扫过的面积

4. 已知金星绕太阳公转的周期小于地球绕太阳公转的周期，它们绕太阳的公转均可看作匀速圆周运动，则下列说法正确的是（　　）

A. 金星的质量大于地球的质量

B. 金星的半径大于地球的半径

C. 金星运动的速度小于地球运动的速度

D. 金星到太阳的距离小于地球到太阳的距离

5. "嫦娥一号"卫星环月工作轨道为圆形轨道，轨道高度为 200 km，运行周期为 127 min。若还知道引力常量和月球的半径，仅利用以上条件不能求出的是（　　）

A. 月球表面的重力加速度　　　　B. 月球对卫星的吸引力

C. 卫星绕月球运行的速度　　　　D. 卫星绕月球运行的加速度

6. 2001 年 10 月 22 日，欧洲航天局由卫星观测发现银河系中心存在一个超大型黑洞，将其命名为 MCG-6-30-15。由于黑洞的强大引力，周围物质大量掉入黑洞，假定银河系中心仅此一个黑洞，已知太阳系绕银河系中心匀速运转，由下列数据可估算该黑洞质量的是（　　）

A. 地球绕太阳公转的周期和速度

B. 太阳的质量和运行速度

C. 太阳的质量和太阳到 MCG-6-30-15 的距离

D. 太阳的运行速度和太阳到 MCG-6-30-15 的距离

7. 科学家们推测，太阳系的第十颗行星就在地球的轨道上，从地球上看，它永远在太阳的背面，人类一直未能发现它，可以说是"隐居"着的地球的"孪生兄弟"。由以上信息可以确定（　　）

    A. 这颗行星的公转周期与地球的相等   B. 这颗行星的半径等于地球的半径

    C. 这颗行星的密度等于地球的密度   D. 这颗行星上同样存在着生命

8. 英国《新科学家》杂志评选出 2008 年度世界 8 项科学之最，在 XTE J1650-500 双星系统中发现的最小黑洞位列其中。若某黑洞的半径 R 约为 45 km，质量 M 和半径 R 满足 $\dfrac{M}{R}=\dfrac{c^2}{2G}$（$c$ 为光速，G 为引力常量），则该黑洞表面的重力加速度的数量级为（　　）

    A. 10^8 B. 10^{10} C. 10^{12} D. 10^{14}

9. 2012 年 6 月 18 日，"神舟九号"飞船与"天宫一号"目标飞行器在离地面 343 km 的近圆轨道上成功进行了我国首次载人空间交会对接，对接轨道所处的空间存在极其稀薄的大气，下列说法正确的是（　　）

    A. 为实现对接，两者运行速度的大小都应介于第一宇宙速度和第二宇宙速度之间

    B. "神舟九号"飞船应从比"天宫一号"低的轨道上加速才能实现对接

    C. 如不加干预，"天宫一号"的轨道高度将缓慢降低

    D. 航天员在"天宫一号"中处于失重状态，说明航天员不受地球引力作用

10. 我国发射的"中星 2A"通信广播卫星是一颗地球同步卫星。在某次实验中，某飞船在空中飞行了 36 h，环绕地球 24 圈。那么该同步卫星与飞船在轨道上正常运转时相比较（　　）

    A. 同步卫星的运转周期比飞船小   B. 同步卫星的运转速率比飞船大

    C. 同步卫星的运转加速度比飞船大   D. 同步卫星离地的高度比飞船大

二、多项选择题

11. 如图所示，B 为绕地球沿椭圆轨道运动的卫星，椭圆的半长轴为 a，运行周期为 T_B；C 为绕地球沿圆形轨道运动的卫星，圆形轨道的半径为 r，运行周期为 T_C。下列说法正确的有（　　）

    A. 地球位于卫星 B 轨道的一个焦点上，位于卫星 C 轨道的圆心上

    B. 卫星 B 和卫星 C 运动的速度大小均不变

    C. $\dfrac{a^3}{T_B^2}=\dfrac{r^3}{T_C^2}$，该比值的大小与地球有关

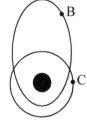

第 11 题图

D. $\dfrac{a^3}{T_B^2} \neq \dfrac{r^3}{T_C^2}$，该比值的大小不仅与地球有关，还与太阳有关

12. 科学家通过天文望远镜发现太阳系外某一恒星有一行星，并测得它围绕恒星运动一周所用的时间为 1 200 年，且它与该恒星的距离为地球与太阳距离的 100 倍。假定该行星绕恒星运行的轨道和地球绕太阳运行的轨道都是圆周，仅利用以上两个数据可以求出的量有（　　）

  A. 恒星质量与太阳质量之比   B. 恒星密度与太阳密度之比

  C. 行星质量与地球质量之比   D. 行星运行速度与地球公转速度之比

13. 我国数据中继卫星"天链一号01星"于 2008 年 4 月 25 日在西昌卫星发射中心发射升空，经过 4 次变轨控制后，于 5 月 1 日成功定点在东经 77°赤道上空的同步轨道。关于成功定点后的"天链一号01星"，下列说法正确的有（　　）

  A. 运行速度大于 7.9 km/s

  B. 离地面的高度一定，相对地面静止

  C. 绕地球运行的角速度比月球绕地球运行的角速度大

  D. 向心加速度与静止在赤道上物体的向心加速度大小相等

三、填空题

14. 假设两行星的质量之比为 2∶1，两行星绕太阳运行的周期之比为 1∶2，则两行星的轨道半径之比为_____，所受太阳引力的大小之比为_____。

15. 地球同步卫星的公转周期是_____ h，它的线速度比近地卫星_____（填"大"或"小"）。

16. 2018 年 12 月 8 日，我国成功发射"嫦娥四号"探测器，在探测器由地球飞向月球的过程中，地球对探测器的引力越来越_____，月球对探测器的引力越来越_____（以上两空均填"大"或"小"）；当探测器运动到地心与月心连线的中点时，所受引力的合力方向指向_____（填"地球"或"月球"）。

四、计算与简答题

17. 在地球周围有许多卫星在不同的轨道上围绕地球转动。

（1）这些卫星运动的向心力都由什么力提供？这些卫星的轨道平面有什么特点？

（2）同步卫星是否就真的静止不动？

18. 在一次测定引力常量的实验中,已知一个质量是 0.80 kg 的小球,以 1.3×10^{-10} N 的力吸引另一个质量是 4.0×10^{-3} kg 的小球,这两个球相距 4.0×10^{-2} m,地球表面的重力加速度是 9.8 m/s²,地球的半径是 6 400 km。试计算:

(1) 引力常量 G;

(2) 地球的质量。

19. 1990 年 5 月,紫金山天文台发现了编号为 2752 号的小行星,并命名为"吴健雄星",该小行星的半径为 16 km。若将该小行星和地球均看成质量分布均匀的球体,小行星的密度与地球的相同,已知地球半径 $R = 6\ 400$ km,地球表面的重力加速度为 g,则这个小行星表面的重力加速度为多少?

20. 某星球的半径为 R,表面的重力加速度为 g。

(1) 求该星球的第一宇宙速度(用 g、R 表示);

(2) 若某卫星以第一宇宙速度环绕该星球运动,求该卫星的公转周期 T(用 g、R 表示)。

21. 海边会发生潮汐现象，潮来时，水面升高；潮退时，水面降低。有人认为这是由于太阳对海水的引力变化以及月球对海水的引力变化所造成的。中午，太阳对海水的引力方向指向海平面上方；半夜，太阳对海水的引力方向指向海平面下方；拂晓和黄昏，太阳对海水的引力方向与海平面平行。月球对海水的引力方向的变化也有类似情况。太阳、月球对某一区域海水的引力的周期性变化，引起了潮汐现象。已知太阳的质量为 2.0×10^{30} kg，太阳与地球的距离为 1.5×10^{8} km，月球的质量为 7.3×10^{22} kg，月球与地球的距离为 3.8×10^{5} km，地球的质量为 6.0×10^{24} kg，地球的半径取 6.4×10^{3} km。请你估算一下：对同一片海水来说，太阳对海水的引力、月球对海水的引力与海水重力的比分别为多少。

第5章 功和能

第1节 功 功率

一、核心素养发展要求

1. 理解功和功率的概念；知道功是标量；掌握功的计算式和总功的计算方法。
2. 了解我国一些机械的制造技术，增强民族自豪感和科技传承的使命感。

二、核心内容理解深化

（一）功

如图5.1.1所示，力 F 所做的功为 $W=Fs\cos\alpha$。在国际单位制中，功的单位为焦耳，简称焦（J），1 J=1 N·m。功是标量。

当 $0\leqslant\alpha<90°$ 时，F 做正功，$W>0$，F 对物体的运动起促进作用。

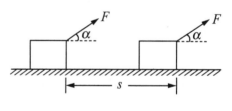

图 5.1.1

当 $\alpha=90°$ 时，F 不做功，$W=0$，F 对物体运动速度的大小没有影响。

当 $90°<\alpha\leqslant180°$ 时，F 做负功，$W<0$，F 对物体的运动起阻碍作用。

总功有两种计算方法：① 总功就是合力所做的功，总功 $W_总=F_合 s\cos\alpha$；② 合力做的功等于各分力做功的代数和，即总功 $W_总=W_1+W_2+W_3+\cdots$。

（二）功率

功率就是功与做功所用时间的比值，即 $P=\dfrac{W}{t}$。

在国际单位制中，功率的单位为瓦特，简称瓦（W），1 W=1 J/s。

以汽车为例，发动机的功率可以用牵引力 F 和汽车运动的速度 v 来表示，即 $P=Fv$。将平均速度代入上式，求得的 P 为平均功率；将瞬时速度代入上式，求得的 P 为瞬时功率。

额定功率是发动机正常工作时允许的最大输出功率。

三、学以致用与拓展

例 1 如图 5.1.2 所示，物块重 98 N，在与水平方向成 37°、斜向上的拉力作用下，沿水平面移动 10 m。已知物块与水平面间的动摩擦因数为 0.2，拉力的大小为 100 N。求：(cos 37°=0.8，sin 37°=0.6)

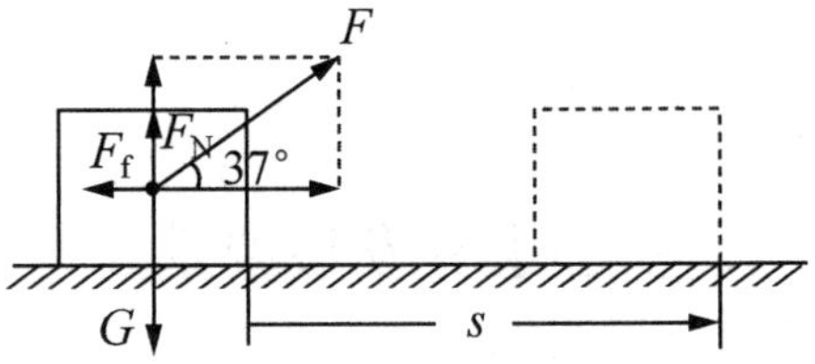

(1) 作用在物块上的各力对物块做功的总和；

(2) 合力对物块做的功。

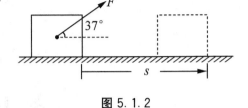

图 5.1.2

图 5.1.3

分析 物块受到重力、支持力、拉力和摩擦力四个力的作用，受力分析如图 5.1.3 所示，物体沿水平面向前运动。

解 (1) 因为重力、支持力的方向与位移方向垂直，因此不做功，所以 $W_G=0$，$W_{F_N}=0$。拉力 F 做的功为

$$W_F = Fs\cos 37° = 100 \times 10 \times 0.8 \text{ J} = 800 \text{ N}$$

摩擦力的大小为

$$F_{F_f} = \mu F_N = \mu(G - F\sin 37°) = 0.2 \times (98 - 100 \times 0.6) \text{ N} = 7.6 \text{ N}$$

摩擦力做的功为

$$W_{F_f} = F_f s \cos 180° = -7.6 \times 10 \text{ J} = -76 \text{ J}$$

各力对物块做功的总和为

$$W_G + W_{F_N} + W_F + W_{F_f} = (800 - 76) \text{ J} = 724 \text{ J}$$

(2) 作用在物块上的合力为

$$F_合 = F\cos 37° - F_f = 72.4 \text{ N}$$

合力对物块做的功为

$$W_合 = F_合 s = 72.4 \times 10 \text{ J} = 724 \text{ J}$$

可见，各力做功的代数和等于合力做的功。

反思与拓展 求解总功的方法有两种。方法一：① 作出物体的受力分析图；② 找出每个力和位移之间的夹角；③ 运用 $W=Fs\cos\alpha$ 计算每个力所做的功；④ 利用 $W_总=W_1+W_2+W_3+\cdots$ 计算总功。方法二：① 作出物体的受力分析图和位移矢量图，求出合力；② 找出合力和位移之间的夹角；③ 运用 $W_总=F_合 s\cos\alpha$ 计算合力所做的功，即总功。

例 2 已知列车的额定功率为 600 kW，当列车以 5 m/s 的速度匀速行驶时，所受阻力 $F_{f1}=5\times 10^3$ N；在额定功率下，列车以最大速度行驶时，所受阻力 $F_{f2}=5\times 10^4$ N。求：

(1) 列车以 5 m/s 的速度匀速行驶时的实际输出功率 P_1；

(2) 在额定功率下列车的最大行驶速度 v_m。

分析 发动机的额定功率是列车正常工作时允许的最大输出功率。实际功率不一定总等于额定功率，大多数情况下输出的实际功率都比额定功率小。本例的两问分别属于两种不同的情况。

解 (1) 列车匀速行驶时，牵引力 F_1 与阻力 F_{f1} 平衡，有 $F_1 = F_{f1} = 5 \times 10^3$ N。实际输出功率为

$$P_1 = F_1 v_1 = 5 \times 10^3 \times 5 \text{ W} = 2.5 \times 10^4 \text{ W}$$

(2) 在额定功率下，当牵引力 F 大于阻力 F_{f2} 时，合力会产生加速度，使列车的速度 v 增大。在额定功率下，牵引力 $F = \dfrac{P_{\text{额}}}{v}$，随着 v 的增大，F 减小，因此 F 是变力，列车的加速度 $a = \dfrac{F - F_{f2}}{m}$ 也随着 v 的增大而减小，列车做加速度变化的变速直线运动。只要 a 没有减小到零，列车仍有加速度，速度会继续增大，牵引力 F 继续减小。直至 F 减小到与 F_{f2} 平衡时，$a = 0$，v 就不再增大，达到最大值 v_m。

当 $F = F_{f2} = 5 \times 10^4$ N 时，$P_{\text{额}} = F_{f2} v_m$，所以

$$v_m = \frac{P_{\text{额}}}{F_{f2}} = \frac{6 \times 10^5}{5 \times 10^4} \text{ m/s} = 12 \text{ m/s}$$

反思与拓展 各种车辆匀速行驶的最大速度受其额定功率的限制，要想在牵引力不减小的情况下提高最大速度，必须选用大功率的发动机。不同品牌的汽车有不同的最大速度，就是因为它们有不同的额定功率（额定功率取决于汽缸的排气量）。

四、学科素养测评

1. 功是能量转化的量度，功的计算公式是 $W = Fs\cos\alpha$，以下是几位同学对功的计算公式的理解，其中正确的是（　　）

   A. 力越大，位移越大，做功就越多

   B. 功的大小是由力的大小和位移的大小来决定的

   C. 若力的方向与物体的运动方向相同，功就等于力的大小和位移的大小的乘积

   D. 力与位移的夹角越大，这个力所做的功越大

2. 足球运动员用力 F 把重为 G 的足球从地面踢起，足球在空中划过抛物线后又落回地面，它上升的最大高度为 h，水平运动的位移为 x。下列说法错误的是（　　）

   A. 足球从地面被踢起，到又落回地面的过程中，重力做的功等于零

   B. 只有当足球没有离开运动员的脚时，力 F 才对足球做功

   C. 力 F 做的功等于 Fx

   D. 足球从地面上升到 h 高度时，重力做的功等于 $-Gh$

3. 重为 G 的木箱被放在水平地面上，工人分别用拉力 F_1 和推力 F_2 移动木箱，且

力的大小 $F_1=F_2$（图 5.1.4）。如果力的方向与水平方向的夹角 $\theta_1=\theta_2$，位移 $s_1=s_2$，则工人两次做的功 W_1 和 W_2 以及两次克服摩擦力做的功 W_1' 和 W_2' 的关系为（　　）

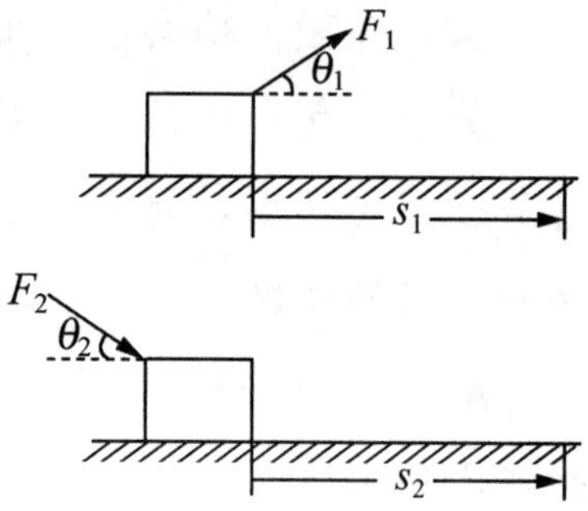

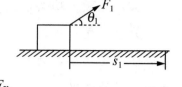

图 5.1.4

A. $W_1=W_2$，$W_1'=W_2'$

B. $W_1=W_2$，$W_1'<W_2'$

C. $W_1=W_2$，$W_1'>W_2'$

D. $W_1>W_2$，$W_1'>W_2'$

4. 关于功率的公式，下列说法正确的是（　　）

A. 由 $P=\dfrac{W}{t}$ 知，发动机做功越多，其功率越大

B. 由 $P=Fv$ 知，汽车的牵引力越大，其发动机的功率越大

C. 由 $P=Fv$ 知，汽车的速度越大，其发动机的功率越大

D. 由 $P=Fv$ 知，发动机在额定功率下工作时，汽车的速度越大，牵引力越小

5. 一辆汽车沿着盘山公路上坡行驶时，它受到哪些力的作用？各个力的做功情况如何？

6. 质量为 60 kg 的人，用 10 min 的时间登上大厦第 21 层，如果每层高 3 m，求这个人上楼所做的功和平均功率。（取 $g=10$ m/s^2）

7. 质量 $M=3$ kg 的物体，在水平力 $F=6$ N 的作用下，在光滑水平面上由静止开始运动。求：

(1) 在 3 s 内 F 对物体所做的功；

(2) 在 3 s 内 F 的平均功率；

(3) 在第 3 s 末 F 的瞬时功率。

8. 汽车发动机的额定功率为 $6×10^4$ W，汽车行驶时受到的阻力为 $5×10^3$ N，问汽车行驶的最大速度是多少？

9. 工人把 $m=40$ kg 的木箱沿着长 $l=4$ m、高 $h=1$ m 的斜面，由底端匀速推到顶端（图 5.1.5）。问：（取 $g=10$ m/s²）

(1) 工人克服木箱的重力做了多少功？

(2) 作用在木箱上的合力做的功等于多少？

(3) 如果已知滑动摩擦力的大小为 50 N，工人需做多少功？

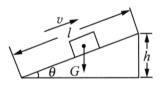

图 5.1.5

10. 质量 $m=5.0\times10^5$ kg 的列车沿水平轨道直线行驶，受到的阻力是车重的 0.01 倍，列车始终以额定功率 $P=1\,400$ kW 工作。试求：(取 $g=10$ m/s²)

(1) 列车行驶过程中，当速度分别为 $v_1=10$ m/s 和 $v_2=20$ m/s 时的加速度 a_1 和 a_2；

(2) 列车最终能达到的速度。

11. 建筑工地上有两台起重机将重物吊起，表 5.1.1 是它们的工作情况记录。

表 5.1.1　起重机的工作情况记录

起重机编号	被吊物体的重力/N	匀速上升的速度/(m·s⁻¹)	上升的高度/m	所用时间/s
A	2.0×10^3	4	16	4
B	4.0×10^3	3	6	2

(1) 两台起重机中哪台做的功多？

(2) 哪台做功快？怎样比较它们做功的快慢呢？

第 2 节　动能　动能定理

一、核心素养发展要求

1. 理解动能的概念；了解合外力做的功等于物体动能的变化，并能应用其解释生活中的相关现象。

2. 体会动能定理推导过程中的科学思维。

3. 了解高速公路对不同车型的限速不同的原因，增强安全意识，提高将物理知识应用于实际生活的能力。

二、核心内容理解深化

（一）动能

如果物体具有做功的本领，那么这个物体具有能量，能量是标量。功是能量变化的量度。

物体由于运动所具有的能量叫作动能。物体的动能等于它的质量与它的速度平方的乘积的一半，即 $E_k = \frac{1}{2}mv^2$。动能是标量。在国际单位制中，动能的单位为焦（J），其换算关系为

$$1\ \text{J} = 1\ \text{kg} \cdot \text{m}^2/\text{s}^2 = 1\ \text{kg} \cdot \text{m/s}^2 \cdot \text{m} = 1\ \text{N} \cdot \text{m}$$

（二）动能定理

合力对物体所做的功，等于物体动能的改变量。这就是动能定理，其数学表达式为

$$W = \frac{1}{2}mv_2^2 - \frac{1}{2}mv_1^2$$

当合力对物体做正功时，合力做的功等于物体动能的增加量；当合力对物体做负功时，物体的动能减少，动能的减少量等于物体克服阻力所做的功。

三、学以致用与拓展

例1 一架飞机的质量 $m = 5.0 \times 10^3$ kg，受到的推力 $F = 1.8 \times 10^4$ N，在跑道上滑行时受到的阻力 F_f 为它的重力的 0.02 倍，起飞时的速度 $v = 60$ m/s。求飞机起飞时滑行的距离 s。

分析 飞机在跑道上滑行时，竖直方向上受到重力和支持力的作用，二力互相平衡。飞机在水平方向上受推力 F 与阻力 F_f 的作用，飞机所受合力为 $F - F_f$，根据动能定理，合力做的功使飞机的动能由零增大为 $\frac{1}{2}mv^2$，可以求得飞机起飞时滑行的距离 s。

解 飞机在竖直方向上所受的重力与支持力互相平衡，在水平方向上受推力 F 和阻力 F_f 作用，其中

$$F_f = \mu mg = 0.02 \times 5.0 \times 10^3 \times 9.8\ \text{N} = 9.8 \times 10^2\ \text{N}$$

飞机滑行时，由于 F 与 F_f 的合力做功，使飞机的动能由零增大为 $\frac{1}{2}mv^2$，根据动能定理有 $(F - F_f)s = \frac{1}{2}mv^2$，解得

$$s=\frac{mv^2}{2(F-F_\mathrm{f})}=\frac{5.0\times10^3\times60^2}{2\times(1.8\times10^4-9.8\times10^2)}\text{ m}\approx5.3\times10^2\text{ m}$$

反思与拓展 从本例可以看出应用动能定理解决力学问题的解题步骤：① 分析物体的受力情况；② 列出合力所做的功（或分力做功的代数和）；③ 利用动能定理列式求解。由于动能定理不涉及物体运动过程中的加速度和时间，因此用它来解题往往比较方便。

本例也可以应用牛顿第二定律和运动学公式来解，同学们不妨试一下。

例 2 一质量为 10 kg 的物体，受到 100 N 的水平拉力的作用，从 A 点由静止开始运动，当物体运动到 B 点时，撤去外力。如图 5.2.1 所示，已知 $AB=10$ m，$BC=7$ m，物体与水平面之间的动摩擦因数为 0.4，求物体到达 C 点时的速度。（取 $g=10$ m/s²）

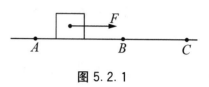

图 5.2.1

分析 本题运用动能定理求解，分 AB、BC 两段来列方程。因为重力、支持力垂直于运动方向，所以不做功。因此，在 AB 段，只有外力 F 和摩擦力 F_f 做功，它们做功的和就是合力所做的功；在 BC 段，只有摩擦力 F_f 做功。

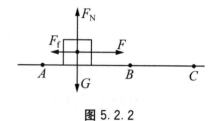

图 5.2.2

解 对 AB、BC 两段分别运用动能定理：

$$Fs_{AB}-F_\mathrm{f}s_{AB}=\frac{1}{2}mv_B^2$$

$$-F_\mathrm{f}s_{BC}=\frac{1}{2}mv_C^2-\frac{1}{2}mv_B^2$$

将上面两式相加，得 $Fs_{AB}-F_\mathrm{f}(s_{AB}+s_{BC})=\frac{1}{2}mv_C^2$，解得

$$v_C=\sqrt{\frac{2[Fs_{AB}-F_\mathrm{f}(s_{AB}+s_{BC})]}{m}}=\sqrt{\frac{2\times[100\times10-0.4\times10\times10\times(10+7)]}{10}}\text{ m/s}=8\text{ m/s}$$

反思与拓展 本题也可以对 A 到 C 的整个过程运用动能定理。动能定理不仅适用于单过程问题，也适用于多过程问题；动能定理对恒力适用，对变力也适用；动能定理对直线运动适用，对曲线运动也适用。因此，应用动能定理解题常常更加简便。

四、学科素养测评

1. 物体由于运动所具有的能量叫作动能。下列对动能的理解正确的是（　　）

   A. 速度大的物体，动能一定大

   B. 质量大的物体，动能一定大

   C. 物体受到的力越大，其动能一定越大

   D. 物体的动能与它受到的力无关

2. 一物体在水平面上运动，速度由 0 增大到 v 与速度由 v 增大到 $2v$ 的动能的变化

量之比为（　　）

A．1∶1　　　　B．1∶2　　　　C．1∶3　　　　D．1∶4

3．一颗步枪子弹的质量是铅球质量的 $\frac{1}{40}$，而子弹的速度是铅球速度的 30 倍，则子弹与铅球的动能之比为_____。

4．质量为 2 kg 的物体自 5 m 高处自由落下，取 $g=10$ m/s²，物体在接触地面的一瞬间的速度大小为_____ m/s，动能为_____ J。

5．科学家正在研究，一旦小行星有撞击地球的危险时如何设法在空中摧毁它，这是因为小行星具有很大的动能。例如，一颗直径稍大于 1 km 的小行星，按照以下数据估算：体积约为 1 km³，密度约为 3×10^3 kg/m³，速度约为 15 km/s，若它撞击地球，将释放的动能 $E_k=$_____ J。葛洲坝水电站的装机容量为 2.715×10^6 kW，全年满负荷生产的电能约为 $E=8.5\times10^{16}$ J，则 $\frac{E_k}{E}=$_____。

6．质量为 1.5×10^3 kg 的小汽车在水平路面上滑行 18 m 后，速度从 10 m/s 减小到 8 m/s，则摩擦力做的功为_____ J，小汽车所受的摩擦力大小为_____ N。

7．一载重卡车的质量为 5×10^3 kg，停车前的速度为 0.6 m/s；一子弹的质量为 8×10^{-3} kg，离开枪口时的速度为 800 m/s。载重卡车停车前和子弹离开枪口时哪个的动能大？

8．军用步枪在约 1.2×10^{-3} s 的时间内，就可以使静止的子弹以 900 m/s 的速度射出枪口。设子弹的质量为 15 g，枪筒长 80 cm，不计阻力。求：

（1）火药爆炸后对子弹的推力；

（2）火药爆炸后的推力对子弹所做的功和平均功率。

9. 一颗子弹以 700 m/s 的速度击穿第 1 块木板后，速度减小为 500 m/s（图 5.2.3）。如果它又继续击穿第 2 块同样的木板，速度减小为多少？它是否还能击穿第 3 块同样的木板？

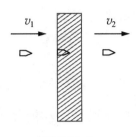

图 5.2.3

10. 汽车在水平的高速公路上做匀加速直线运动，行驶 1 000 m 距离后，速度由 10 m/s 增加到 30 m/s。汽车的质量 $m=2\times 10^3$ kg，汽车前进时所受的阻力为车重的 0.02 倍。求：（取 $g=10$ m/s^2）

(1) 汽车牵引力所做的功；
(2) 汽车牵引力的大小；
(3) 若此时撤去牵引力，汽车还能前进的距离。

第 3 节 重力势能 弹性势能

一、核心素养发展要求

1. 理解势能、重力势能和弹性势能的概念，会计算重力势能，知道重力做功与路径无关，理解重力做功与重力势能变化的关系。
2. 了解我国水力发电的伟大成就，增强民族自豪感和科技传承的责任感。

二、核心内容理解深化

（一）重力势能

物体的重力势能等于物体的重力与它的高度的乘积，即 $E_p=mgh$。重力势能是标量，在国际单位制中，它的单位是焦（J）。高度 h 是个相对量，是相对于某个参考平面而言的。因此，重力势能也具有相对性，只有选定以某个平面为零势能面时，重力势能才有确定的值。通常都是选取地面作为零势能面。

重力对物体所做的功为 $W=mg\Delta h$，Δh 为初、末位置的高度差，与参考平面的选取无关。重力对物体所做的功，只与物体的初、末位置的高度差有关，而与物体的运动路径无关。

重力做正功时，物体的重力势能减少；重力做负功时，物体的重力势能增加，即

$$W_G=E_{p1}-E_{p2}=-\Delta E_p$$

三、学以致用与拓展

例1 金茂大厦是上海的标志性建筑之一，它的主体建筑为地上 88 层，地下 3 层，高 420.5 m。距地面 340.1 m 的第 88 层为国内迄今最高的观光层，环顾四周，极目远眺，上海新貌尽收眼底。站在第 88 层上质量为 60 kg 的游客，在下列情况中，他的重力势能各是多少？（取 $g=10\ \mathrm{m/s^2}$）

(1) 以地面为零势能面；

(2) 以第 88 层为零势能面；

(3) 以 420.5 m 的楼顶为零势能面；

(4) 若该游客乘电梯从地面上升到第 88 层，克服重力做了多少功？重力势能如何变化？

分析 根据重力势能的表达式 $E_p=mgh$ 即可求解，注意式中 h 是相对零势能面的高度；根据 $W=-mg\Delta h$ 可以计算重力做的功，Δh 为初、末位置的高度差。

解 (1) 以地面为零势能面时，该游客所处高度 $h=340.1$ m，所以

$$E_p=mgh=60\times10\times340.1\ \mathrm{J}=2.0406\times10^5\ \mathrm{J}$$

(2) 以第 88 层为零势能面时，该游客所处高度 $h=0$，所以 $E_p=0$。

(3) 以 420.5 m 的楼顶为零势能面时，该游客所处高度 $h=(340.1-420.5)\ \mathrm{m}=-80.4\ \mathrm{m}$，所以

$$E_p=mgh=60\times10\times(-80.4)\ \mathrm{J}=-4.824\times10^4\ \mathrm{J}$$

(4) 游客从地面到第 88 层的过程中，重力做的功为

$$W_G=-mg\Delta h=-60\times10\times340.1\ \mathrm{J}=-2.0406\times10^5\ \mathrm{J}$$

所以他克服重力做功 $2.0406×10^5$ J，重力势能增加 $2.0406×10^5$ J。

反思与拓展 物体的重力势能具有相对性，与零势能面的选取有关。重力势能的正负表示物体的重力势能相对零势能面的大小，重力势能为正表示物体高于零势能面，重力势能为负表示物体低于零势能面。而重力做功、重力势能的变化量与零势能面的选取无关，由初、末位置的高度差决定，重力所做的功等于物体重力势能的变化量。

例2 物体由于发生弹性形变而具有的能叫作弹性势能。以下是几位同学对弹性势能这个概念的理解，其中正确的是（　　）

A. 任何发生弹性形变的物体，都具有弹性势能

B. 具有弹性势能的物体，不一定发生了弹性形变

C. 物体只要发生形变，就一定具有弹性势能

D. 弹簧的弹性势能只与弹簧被拉伸或压缩的长度有关

分析 发生弹性形变的物体的各部分之间，由于弹力作用而具有的势能，叫作弹性势能。任何发生弹性形变的物体都具有弹性势能，任何具有弹性势能的物体一定发生了弹性形变，故A正确，B错误。物体发生了形变，若是非弹性形变，就没有弹力作用，则物体就不具有弹性势能，故C错误。弹簧的弹性势能除了与弹簧被拉伸或压缩的长度有关外，还与弹簧的弹性系数有关，故D错误。

答案 A

反思与拓展 只有发生弹性形变的物体才具有弹性势能；弹性势能的变化总是与弹力做功相对应，当弹力做正功时，弹性势能减少，当弹力做负功时，弹性势能增加；弹性势能与其他形式的能量一样，都是标量。

四、学科素养测评

1. 物体由于被举高所具有的能量叫重力势能。以下是几位同学对重力势能这个概念的理解，其中正确的是（　　）

① 重力势能是物体和地球共同具有的，而不是物体单独具有的。

② 在同一高度，将同一物体以 v_0 向不同方向抛出，落地时物体减少的重力势能一定相等。

③ 重力势能等于零的物体，不可能对其他物体做功。

④ 在地面上的物体，它的重力势能一定为零。

A. ①②　　　　B. ③④　　　　C. ①③　　　　D. ②④

2. 均匀杆的重心在杆长的 $\frac{1}{2}$ 处。若把一根长为 l、重为 G 的均匀杆缓慢竖起，则克服重力做功使它增加的势能为（　　）

A. $\frac{1}{2}Gl$　　　B. $\frac{2}{3}Gl$　　　C. $\frac{3}{4}Gl$　　　D. Gl

3. 如图 5.3.1 所示，桌面离地面高为 h，质量为 m 的小球从离桌面高为 H 处自由下落，不计空气阻力，选取桌面为零势能面，则小球在图示位置处的重力势能为（ ）

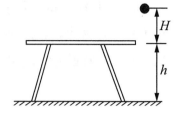

图 5.3.1

A. mgh　　　　　　　B. mgH

C. $mg(H+h)$　　　　D. $mg(H-h)$

4. 物体在运动过程中克服重力做功 50 J，则（ ）

A. 物体的重力做功为 50 J　　　　B. 物体的重力势能一定增加 50 J

C. 物体的重力势能可能减少 50 J　D. 以上选项均正确

5. 我国发射的"神舟十六号"飞船在圆满完成既定出舱任务后，于 2023 年 10 月 31 日胜利返航。在返回舱拖着降落伞下落的过程中，其重力做功和重力势能变化的情况分别为（ ）

A. 重力做正功，重力势能减少　　B. 重力做正功，重力势能增加

C. 重力做负功，重力势能减少　　D. 重力做负功，重力势能增加

6. 离地面 60 m 高处有一质量为 2 kg 的物体，它相对地面的重力势能是多少？若选取离地面 40 m 高的楼板为零势能面，物体的重力势能又是多少？（取 $g=10$ m/s²）

7. 工人把质量为 150 kg 的货物沿长 3 m、高 1 m 的斜面匀速推上汽车，货物增加的重力势能是多少？在不计摩擦的情况下，工人沿斜面推动货物所做的功是多少？（取 $g=10$ m/s²）

8. 一井深 8 m，井上有一支架，高 2 m，在支架上用一根长为 3 m 的绳子系住一个重 100 N 的物体，若以地面为零势能面，则物体的重力势能有多大？若以井底为零势能面，则物体的重力势能又有多大？

9. 质量为 100 g 的球从 1.8 m 的高度落到水平地面上，又弹回到 1.25 m 的高度。在整个过程中重力对球所做的功是多少？球的重力势能变化了多少？（取 $g=10\ \text{m/s}^2$）

第4节 机械能守恒定律

一、核心素养发展要求

1. 理解机械能的概念；知道物体的势能和动能可以相互转化、在一定条件下机械能守恒等物理观念，并能应用其解决生活中的简单问题。

2. 通过"观察动能与重力势能的相互转化"生活实例，体会运用机械能守恒定律进行研究的方法。

3. 会利用打点计时器来验证机械能守恒定律。

二、核心内容理解深化

（一）机械能

重力势能、弹性势能、动能都是机械运动中的能量形式，统称为机械能，即

$$E=E_k+E_p$$

重力势能、弹性势能、动能之间可以相互转化。

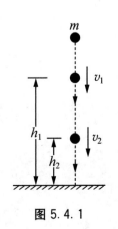

图 5.4.1

（二）机械能守恒定律

（1）内容：在只有重力或弹力做功的系统内，动能与势能可以互相转化，而总的机械能保持不变。

（2）表达式：$E_{k1}+E_{p1}=E_{k2}+E_{p2}$ 或 $\frac{1}{2}mv_2^2+mgh_2=\frac{1}{2}mv_1^2+mgh_1$（图 5.4.1）。

（3）在应用机械能守恒定律解决问题时只需考虑运动的初状态和末状态，不必考虑两个状态之间的过程。

三、学以致用与拓展

例1 物体从 3 m 高的光滑斜面顶端由静止开始无摩擦地下滑（图 5.4.2），到达底端时速度为多大？如果将光滑斜面改成光滑凹形曲面或光滑凸形曲面，物体下滑到底端时速度为多大？（取 $g=10\ \text{m/s}^2$）

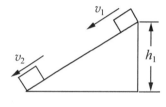

图 5.4.2

分析 斜面是光滑的，斜面与物体间没有摩擦力，斜面对物体的支持力与物体的运动方向垂直，不对物体做功，因而物体在下滑过程中只有重力做功，机械能守恒。明确物体在斜面顶端和底端的动能与势能，根据机械能守恒定律列式求解。

解 （1）物体沿光滑斜面下滑，斜面对物体的支持力不做功，只有重力做功。选取斜面底端为零势能面。根据机械能守恒定律，有 $E_{k2}+E_{p2}=E_{k1}+E_{p1}$。物体在斜面顶端时，有 $E_{k1}=0$，$E_{p1}=mgh_1$；物体滑到斜面底端时，有 $E_{p2}=0$，$E_{k2}=\frac{1}{2}mv_2^2$。

所以 $$\frac{1}{2}mv_2^2=mgh_1$$

解得 $$v_2=\sqrt{2gh_1}=\sqrt{2\times10\times3}\ \text{m/s}\approx7.67\ \text{m/s}$$

（2）当物体沿光滑凹形曲面或光滑凸形曲面下滑时（图 5.4.3），支持力与物体运动的方向垂直，不做功。同样只有重力做功，机械能守恒，所以计算方法与（1）相同，物体滑到底端时速度的大小也等于 7.67 m/s，其方向沿圆弧的切线方向。

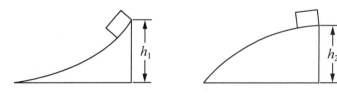

图 5.4.3

反思与拓展 应用机械能守恒定律解决问题的一般步骤：① 确定研究对象；② 判断机械能守恒条件是否成立；③ 选取零势能面；④ 确定始末状态的动能和势能；⑤ 列出相关表达式并求得结果。请你思考一下，这道题能否应用动能定理求解。

例2 如图 5.4.4 所示，AB 为 $\frac{1}{4}$ 圆弧光滑轨道，圆弧半径 $R=0.8\ \text{m}$，在 B 点处连接水平

轨道。质量 $m=10$ kg 的物块从 A 点由静止开始下滑，经过 B 点后又在水平轨道上滑行了 $l=4$ m 后停止。求：（取 $g=10$ m/s²）

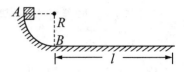

图 5.4.4

（1）物块在 B 点时的速度大小；

（2）物块在水平轨道上克服摩擦力所做的功；

（3）水平轨道的动摩擦因数。

分析 由于 AB 轨道不是直线，本题无法利用匀变速直线运动公式和牛顿第二定律来求解。第（1）问，物块在沿光滑圆弧轨道下滑的过程中，受到重力和支持力的作用，由于支持力与物块的运动方向垂直，因此不做功，所以此过程中只有重力做功，机械能守恒。第（2）问，物块在水平轨道上运动，重力、支持力均不做功，物块克服摩擦力做功，从 B 点到停下的过程中，可根据动能定理列式求解。第（2）问还有一种解法，分析物块从 A 点到停止的全过程，由于物块在 A 点处动能为零，所以物块从 A 点到停止的动能改变量为零，等于物块在整个过程中重力做功和摩擦力做功的和。第（3）问，根据功的计算公式和滑动摩擦力的计算公式可以求动摩擦因数。

解 （1）物块在沿光滑圆弧轨道下滑的过程中，受到重力和支持力的作用，由于支持力与物块的运动方向垂直，因此不做功，所以重力做的功就是合力做的功。又由于物块在 A 点处动能为零，所以物块从 A 点运动到 B 点的动能改变量就等于物块在 B 点处的动能。当只有重力做功时，机械能守恒，因此有 $mgR=\frac{1}{2}mv_B^2$，所以 $v_B=\sqrt{2gR}=\sqrt{2\times10\times0.8}$ m/s $=4$ m/s。

（2）方法一：在水平轨道上，摩擦力 F_f 做负功，根据动能定理，有 $-F_fl=0-\frac{1}{2}mv_B^2$。物块消耗动能，克服摩擦力做正功，有 $W=F_fl=\frac{1}{2}mv_B^2=\frac{1}{2}\times10\times4^2$ J $=80$ J。

方法二：物块从 A 点下滑到 B 点再到停止的整个过程中，在水平轨道上克服摩擦力所做的功为 W，应用动能定理，总功等于动能的变化量，可得 $mgR-W=0$，所以 $W=mgR=10\times10\times0.8$ J $=80$ J。

（3）摩擦力 $F_f=\frac{W}{l}=\frac{80}{4}$ N $=20$ N。在水平轨道上，压力的大小等于重力，根据滑动摩擦力公式 $F_f=\mu mg$，得到水平轨道的动摩擦因数为 $\mu=\frac{F_f}{mg}=\frac{20}{10\times10}=0.2$。

反思与拓展 机械能守恒定律关注的是两个运动状态之间的能量关系，并不过多地涉及运动过程中的细节，因此，在满足机械能守恒条件时，应用机械能守恒定律解决曲线运动问题比较简单。而应用动能定理时，不管运动过程如何复杂，只要明确初、末状态的动能，就能求出合力做的功，进而就能求出某个力做的功。所以，对于较为复杂的多过程问题，应用动能定理解决，往往具有明显的优势。

四、学科素养测评

1. 如图5.4.5所示，用两条线分别系住质量相等的甲、乙两个小球，系甲球的线比系乙球的线长。将两球从相同的水平位置由静止开始释放，当两球各自经过最低点时，则下列式子错误的是（　　）

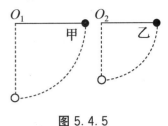

图5.4.5

A. 两球的机械能相等

B. 甲的动能大于乙的动能

C. 甲的机械能大于乙的机械能

D. 重力对甲做的功大于重力对乙做的功

2. 地面上有A、B两个物体，质量满足$m_A=4m_B$，将它们分别以v_A、v_B（$v_A=2v_B$）的速度竖直向上抛出时，它们的机械能分别为E_A和E_B，上升的最大高度分别为h_A和h_B，则下列式子正确的是（　　）

A. $E_A<E_B$　　　B. $h_A<h_B$　　　C. $h_A=h_B$　　　D. $h_A>h_B$

3. 质量为2 kg的物体由20 m的高处自由下落，下落过程中＿＿＿＿＿能转化为＿＿＿＿＿能，重力对物体做了＿＿＿＿＿J的功，下落过程中重力势能减少＿＿＿＿＿J。（取$g=10$ m/s²）

4. 以地面为零势能面，一个物体从离地面40 m高处自由下落＿＿＿＿＿s时，动能恰好与势能相等。（取$g=10$ m/s²）

5. 在图5.4.6中，悬线长1 m，把悬线拉至与竖直方向成60°角时释放，则小球下落经过最低点时的速度为＿＿＿＿＿m/s。（取$g=10$ m/s²）

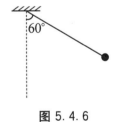

图5.4.6

6. 在下面列举的实例中，除（1）外都不计空气阻力，哪些实例中机械能是守恒的？试说明理由。

（1）跳伞员带着张开的降落伞在空中匀速下落；

（2）抛出的手榴弹或标枪做斜抛运动；

（3）用细绳拴着一个小球，绳的一端固定，使小球在光滑水平面上做匀速圆周运动；

（4）物体沿着光滑曲面下滑（图5.4.7甲）；

（5）用手拉着一个物体沿着光滑斜面匀速上升（图5.4.7乙）；

（6）在光滑水平面上运动的小球，使弹簧压缩后又被弹簧弹走（图5.4.7丙）。

甲

乙

丙

图5.4.7

7. 山崖上的海岸炮向敌舰发射穿甲弹，炮弹的出膛速度为 900 km/h。设炮口和敌舰甲板距海平面的高度分别为 53 m 和 3 m，求炮弹击中敌舰甲板时的速度。（不计空气阻力，取 $g=10$ m/s^2）

8. 一人以 9.8 m/s 的速度从地面上竖直向上抛出一小球，小球的动能和重力势能在多高的地方正好相等？（不计空气阻力）

9. 蒸汽打桩机重锤的质量为 250 kg，先把它提升到离地面 10 m 高处，然后让它自由下落。求：
(1) 重锤在最高处的重力势能和机械能；
(2) 重锤下落 6 m 时的动能、重力势能和机械能。

本章综合检测卷

一、选择题

1. 正在空中匀速下落的雨滴，它的（　　）

   A. 重力势能减少，动能增加，机械能不变

   B. 重力势能增加，动能减少，机械能不变

   C. 重力势能减少，动能不变，机械能减少

   D. 重力势能增加，动能不变，机械能增加

2. 以下四种情况中，力 F 对物体做功的是（　　）

   A. 人用力 F 推车，车未动

   B. 吊车的作用力 F 使货物上升一段距离

   C. 人用力 F 使水桶静止在空中

   D. 人用力 F 提着水桶，在水平路面上匀速行走

3. 水平路面上有一个重 500 N 的小车，在 100 N 的水平拉力作用下，匀速向前移动了 5 m，则在这一过程中（　　）

   A. 车受到的阻力为 600 N　　　　B. 车受到的阻力为 500 N

   C. 拉力对车做功为 500 J　　　　D. 重力对车做功为 2 500 J

4. 一个力对物体做了负功，说明（　　）

   A. 这个力对物体来说是动力

   B. 这个力不一定阻碍物体的运动

   C. 这个力与物体运动方向的夹角 $\alpha > 90°$

   D. 这个力与物体运动方向的夹角 $\alpha < 90°$

5. 一物体在相互垂直的两个共点力 F_1、F_2 的作用下运动，运动过程中 F_1 对物体做功 3 J，F_2 对物体做功 4 J，则 F_1 与 F_2 的合力对物体做功（　　）

   A. 1 J　　　　B. 5 J　　　　C. 7 J　　　　D. 无法计算

6. 功率就是功与完成这些功所用时间的比值，下列对功率概念的理解正确的是（　　）

   A. 根据 $P = \dfrac{W}{t}$ 可知，机器做功越多，其功率就越大

   B. 根据 $P = Fv$ 可知，汽车的牵引力一定与速度成反比

   C. 根据 $P = \dfrac{W}{t}$ 可知，只要知道时间 t 内机器所做的功，就可以求得这段时间内任一时刻机器做功的功率

D. 根据 $P=Fv$ 可知，当交通工具的发动机功率一定时，其牵引力与运动速度成反比

7. 在抗雪救灾中，运输救灾物资的汽车以额定功率上坡时，为增大牵引力，司机应使汽车的速度（　　）

  A. 减小   B. 增大

  C. 保持不变   D. 先增大后保持不变

8. 质量为 1 kg 的物体从某一高度自由下落，设 1 s 内物体未着地，则该物体下落 1 s 内重力做功的平均功率是（取 $g=10$ m/s²）（　　）

  A. 25 W   B. 50 W   C. 75 W   D. 100 W

9. 某汽车的额定功率为 P，在很长的平直公路上从静止开始行驶，则下列说法正确的是（　　）

  A. 汽车在很长时间内都可以维持足够大的加速度而做匀加速直线运动

  B. 汽车可以保持一段时间内做匀加速直线运动

  C. 任何一段时间内汽车都不可能做匀加速运动

  D. 若汽车开始做匀加速运动，则汽车刚达到额定功率 P 时，速度亦达到最大值

10. 我国高速铁路技术飞速发展，2010 年 12 月 3 日京沪杭高铁综合试验运行最高时速达到 486.1 km，刷新了世界纪录。下列关于提高列车运行速度的说法错误的是（　　）

  A. 减小路轨阻力，有利于提高列车的最高时速

  B. 当列车保持最高时速行驶时，其牵引力大小与阻力大小相等

  C. 列车的最高时速取决于其最大功率、阻力及相关技术

  D. 将列车车头做成流线型，减小空气阻力，有利于提高列车的功率

11. 改变汽车的质量和速度，都能使汽车的动能发生变化。在下列情况中，能使汽车的动能变为原来的 4 倍的是（　　）

  A. 质量不变，速度增大到原来的 2 倍   B. 速度不变，质量增大到原来的 2 倍

  C. 质量减半，速度增大到原来的 4 倍   D. 速度减半，质量增大到原来的 4 倍

12. 一物体的速度先从 0 增加到 v，再从 v 增加到 $2v$，外力做功分别为 W_1 和 W_2，则 W_1 和 W_2 的关系正确的是（　　）

  A. $W_1=W_2$ B. $W_2=2W_1$ C. $W_2=3W_1$ D. $W_2=4W_1$

13. 物体在下列运动中机械能一定守恒的是（　　）

  A. 自由落体运动

  B. 在竖直方向上做匀加速直线运动

  C. 在竖直方向上做匀速直线运动

  D. 在水平方向上做匀加速直线运动

14. 下列四个选项中，木块均在固定的斜面上运动，其中A、B、C的斜面是光滑的，D的斜面是粗糙的，A、B中的F为木块所受的外力，方向如图中箭头所示，A、B、D中的木块向下运动，C中的木块向上运动。在下列选项中，机械能守恒的是（　　）

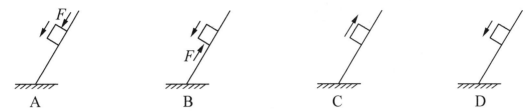

15. 将一物体以速度v从地面竖直向上抛出，当物体运动到某一高度时，它的动能恰为重力势能的一半，不计空气阻力，则这个高度为（　　）

A. $\dfrac{v^2}{3g}$　　　　B. $\dfrac{v^2}{2g}$　　　　C. $\dfrac{v^2}{g}$　　　　D. $\dfrac{v^2}{4g}$

16. 下列关于重力势能的说法正确的是（　　）

A. 重力势能等于零的物体，一定不会对其他物体做功

B. 放在地面上的物体，其重力势能一定等于零

C. 从不同高度将某一物体抛出，落地时重力势能的减少量相等

D. 相对高度不同的参考平面，物体具有的重力势能不同，但并不影响研究有关重力势能的问题

二、实验题

17. 在"验证机械能守恒定律"的实验中，用6 V、50 Hz的打点计时器打出的一条无漏点的纸带如图所示，O点为重锤下落的起点，选取的计数点为A、B、C、D，各计数点到O点的长度已在图中标出，单位为mm，重力加速度取$g=9.8 \text{ m/s}^2$，重锤的质量为1 kg。

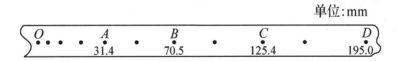

第17题图

（1）打点计时器打出B点时，重锤下落的速度$v_B=$_____ m/s，重锤的动能$E_{kB}=$_____ J。

（2）从开始下落算起，打点计时器打出B点时，重锤的重力势能的减少量为_____ J。

（3）根据纸带提供的数据，在误差允许的范围内，重锤从静止开始到打出B点的过程中，得到的结论是_____。

三、计算题

18. 一质量为1 kg的木块静止在光滑水平面上，将一个大小为4 N的水平恒力作用在该木块上，求：（取$g=10 \text{ m/s}^2$）

(1) 恒力作用 5 s 内，恒力所做的功；

(2) 恒力作用第 5 s 末，恒力的功率。

19. 如图所示，质量是 20 kg 的小车，在一个与斜面平行、大小为 200 N 的拉力作用下，由静止开始前进了 3 m，斜面的倾角为 30°，小车与斜面间的摩擦力忽略不计。这一过程中物体的重力势能增加了多少？物体的动能增加了多少？拉力 F 做的功是多少？（取 $g = 10 \text{ m/s}^2$）

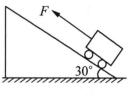

第 19 题图

20. 如图所示，半径 $R = 1$ m 的 $\frac{1}{4}$ 圆弧轨道下端与一水平轨道连接，水平轨道离地面的高度 $h = 1$ m。有一质量 $m = 1$ kg 的小滑块自圆弧轨道最高点 A 由静止开始下滑，经过水平轨道末端 B 时速度为 4 m/s，滑块最终落在地面上。（取 $g = 10 \text{ m/s}^2$）

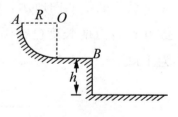

第 20 题图

(1) 不计空气阻力，滑块落在地面上时速度为多大？

(2) 滑块在轨道上滑行时克服摩擦力做功多少？

第6章 静电场

第1节 电荷 电荷守恒

一、核心素养发展要求

1. 了解电荷的概念，能够解释静电感应现象，知道元电荷的概念；能够观察并说出电荷守恒定律在生活中应用的例子。

2. 了解静电感应现象，会用原子的物质结构模型解释该现象。

二、核心内容理解深化

（一）摩擦起电

任何物体都是由原子构成的，而原子由带正电的原子核和带负电的电子组成，电子绕着原子核运动。原子核中正电荷的数量很难改变，而核外电子却能摆脱原子核的束缚，转移到另一物体上，从而使原子所带负电荷数目改变。当物体失去电子时，它所带的负电荷总数比正电荷少，就显示带正电；相反，本来是中性的物体得到电子时，就显示带负电。两个物体互相摩擦时，因为不同物体的原子核束缚核外电子的本领不同，所以其中必定有一个物体失去一些电子，另一个物体得到多余电子。例如，用丝绸摩擦玻璃棒，玻璃棒的一些电子转移到丝绸上，玻璃棒因失去电子而带正电，丝绸因得到电子而带等量负电荷。用毛皮摩擦橡胶棒，毛皮的一些电子转移到橡胶棒上，毛皮带正电荷，橡胶棒带等量负电荷。这就是摩擦起电的原因。

（二）电荷

电荷是物体的一种状态属性，宏观物体或微观粒子处于带电状态，就说它们带有电荷。电荷的多少称为电荷量，用字母 Q 表示。在国际单位制中，电荷量的单位是库（C）。规定 1 A 恒定电流在 1 s 时间间隔内所传送的电荷量为 1 C。物体所带的电荷分为正电荷和负电荷两种，带同种电荷的物体相互排斥，带异种电荷的物体相互吸引。

（三）电荷守恒定律

电荷既不会创生，也不会消灭，只能从一个物体转移到另一个物体，或者从一个物体的一部分转移到另一部分，在转移过程中，电荷的总量始终保持不变，这个结论叫作电荷守恒定律。

三、学以致用与拓展

例 1 在天气干燥的季节，脱掉外衣后再去摸金属门把手时，常常会"被电"一下。这是为什么？请结合摩擦起电的原理进行详细阐述。

分析 摩擦起电的本质是电荷的转移，脱掉外衣时，身体和外衣通过摩擦产生了电荷的转移，伸手去摸金属门把手时，身体积累的电荷又转移到门把手。

解 在天气干燥的季节，脱掉外衣时由于摩擦外衣和身体各自带了等量、异种电荷，接着用手去摸金属门把手时，身体放电，于是产生被电击的感觉。

反思与拓展 摩擦起电和感应起电都没有创造电荷，而只是实现了电荷的转移，但两者转移电荷的方式和所需要的条件不同。摩擦起电发生在两个不同的物体之间，需要两个物体直接接触；感应起电发生在带电体和导体之间，不需要两个物体直接接触。

例 2 有两个完全相同的带电绝缘金属小球 A、B，所带电荷量分别为 $Q_A = 6.4 \times 10^{-9}$ C 和 $Q_B = -3.2 \times 10^{-9}$ C，让两个小球接触，在接触过程中，电子如何转移？转移了多少？

分析 两球相同，根据电荷守恒定律，两球接触后所带电荷量先中和后均分。

解 两球接触后的电荷量为

$$q = \frac{Q_A + Q_B}{2} = \frac{6.4 \times 10^{-9} - 3.2 \times 10^{-9}}{2} \text{ C} = 1.6 \times 10^{-9} \text{ C}$$

电荷的转移量为

$$q_1 = (6.4 \times 10^{-9} - 1.6 \times 10^{-9}) \text{ C} = 4.8 \times 10^{-9} \text{ C}$$

转移的电子数为

$$\frac{q_1}{e} = \frac{4.8 \times 10^{-9}}{1.6 \times 10^{-19}} = 3 \times 10^{10} \text{（个）}$$

即有 3×10^{10} 个电子从 B 球转移到 A 球。

反思与拓展 当两个完全相同的带电小球接触时，带同种电荷的总电荷量平分，带异种电荷的总电荷量先中和，然后将剩余电荷量平分。

四、学科素养测评

1. 用金属箔做成一个不带电的圆环，放在干燥的绝缘桌面上。小明同学用绝缘材料做的笔套与头发摩擦后，将笔套自上向下慢慢靠近圆环，当距离约 0.5 cm 时圆环被吸引

到笔套上。对上述现象的判断与分析，下列说法不正确的是（　　）

　　A. 摩擦使笔套带电

　　B. 笔套靠近圆环时，圆环上、下部感应出异种电荷

　　C. 笔套碰到圆环后，笔套所带的电荷立刻被全部中和

　　D. 圆环被吸引到笔套的过程中，圆环所受静电力的合力大于圆环的重力

2. 有 A、B、C 三个塑料小球，A 和 B、B 和 C、C 和 A 之间都是相互吸引的，如果 A 带正电，那么（　　）

　　A. B、C 均带负电

　　B. B 带负电，C 带正电

　　C. B、C 中必有一个带负电，而另一个不带电

　　D. B、C 都不带电

3. 下列关于点电荷的说法正确的是（　　）

　　A. 只有体积很小的带电体才能被看作点电荷

　　B. 体积很大的带电体一定不能被看作点电荷

　　C. 点电荷一定是电荷量很小的电荷

　　D. 两个带电的金属小球，不一定能将它们作为电荷集中在球心的点电荷处理

4. 将不带电的导体 A 和带有负电荷的导体 B 接触后，在导体 A 中的质子数（　　）

　　A. 增加　　　　B. 减少　　　　C. 不变　　　　D. 先增加后减少

5. 带电微粒所带的电荷量不可能是下列值中的（　　）

　　A. $2.4×10^{-19}$ C　　　　　　B. $-6.4×10^{-19}$ C

　　C. $-1.6×10^{-18}$ C　　　　　D. $4.0×10^{-17}$ C

6. 有一绝缘细线上端固定，下端悬挂一轻质小球 a，小球表面镀有铝膜，在 a 的附近有一绝缘金属球 b，a、b 都不带电，如图 6.1.1 所示。现在使 a 带电，则（　　）

　　A. a、b 之间不发生相互作用

　　B. b 将吸引 a，吸住后不放开

　　C. b 立即把 a 排斥开

　　D. b 先吸引 a，接触后又把 a 排斥开

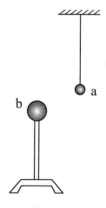

图 6.1.1

7. 有三个相同的绝缘金属小球 A、B、C，其中小球 A 带有 $3×10^{-3}$ C 的正电荷，小球 B 带有 $-2×10^{-3}$ C 的负电荷，小球 C 不带电。先将小球 C 与小球 A 接触后分开，再将小球 B 与小球 C 接触后分开，试求这时三个小球所带的电荷量。

87

第 2 节　库仑定律　电场强度

一、核心素养发展要求

1. 知道库仑定律的基本内容，能够说出生活中体现库仑定律的例子，感受静电力在日常生活中无处不在；理解电场的概念以及电场强度的含义与表达式，能够比较点电荷电场、匀强电场的异同并用电场线表示。

2. 了解电场强度大小的测量方法，通过在电场中画出一系列假想曲线的方法模拟电场线的分布，表示其方向和疏密程度。

二、核心内容理解深化

（一）库仑定律与万有引力的关系

真空中两个静止点电荷之间的相互作用力与它们的电荷量的乘积成正比，与它们之间距离的平方成反比。这就是库仑定律。

需要注意的是，库仑定律只适用于场源电荷静止的情况，不适用于运动电荷对静止电荷的作用力。库仑定律与万有引力定律的异同见表 6.2.1。

表 6.2.1　库仑定律与万有引力定律的异同

	万有引力定律	库仑定律
公式	$F=G\dfrac{m_1 m_2}{r^2}$	$F=k\dfrac{q_1 q_2}{r^2}$
相似点	两种力的大小均与作用双方的质量或电荷量的乘积成正比，与距离的平方成反比，且均以场为媒介作用	
	两个公式在推导的过程中，都使用了理想模型，并将施力、受力物体视为体积非常小的"点"	
	都可以利用"扭秤实验"证明公式的正确性（万有引力定律使用卡文迪许扭秤，库仑定律使用库仑扭秤）	
	两种力的方向均沿两物体的连线方向，且均为保守力	
	均适用叠加原理，即两个物体之间的作用力不因第三个物体的存在而改变	
	在四种相互作用力中均属于长程力	

续表

不同点	万有引力只可能是引力，且总是指向地心	库仑力可以表现为引力或斥力，其方向与两物体所带电荷量同号或异号有关
	万有引力定律是先有理论（牛顿），再通过实验证明的（卡文迪许）	库仑定律是由实验得到的定律
	万有引力只适用于低速、弱引力场，不适用于高速、强引力场	库仑定律只适用于场源电荷静止的情况，不适用于运动电荷对静止电荷的作用力
	万有引力在宏观上占主导地位	库仑力在微观上（原子尺度）占主导地位
	万有引力是不可屏蔽的	静电力（库仑力）是可以屏蔽的

（二）电场强度

电场是电荷周围空间中所存在的一种看不见、摸不着，但可测量的特殊形态的物质。电荷之间的相互作用是通过电场发生的。只要有电荷存在，周围就存在着电场。电场对放入其中的电荷会产生力的作用，这种力叫作电场力。

在电场中某一点的电荷所受的电场力 F 与它所带电荷量 q 的比值，叫作该点的电场强度，在电场中的同一点，这个比值是恒定的；在电场中的不同点，比值一般不同。这个比值与试探电荷在电场中的位置有关，与试探电荷所带电荷量的大小无关。

电场强度在数值上等于单位试探电荷所受电场力的大小，在国际单位制中，其单位是 N/C。规定电场中某点电场强度的方向就是正电荷在该点所受电场力的方向，负电荷所受电场力的方向与该点电场强度的方向相反。

电场线不是电荷运动的轨迹，也不是客观存在的线，而是为了形象地描述电场的分布而假想出来的曲线，这些曲线上每一点的切线方向即为该点的场强方向，这些曲线的疏密程度则表示这一区域场强的大小，电场线密集的地方场强大，电场线稀疏的地方场强小。电场线总是从正电荷或无限远处出发，终止于无限远处或负电荷，不闭合、不相交。匀强电场的电场线是距离相等的平行直线。

三、学以致用与拓展

例1 真空中有三个同种点电荷，它们固定在一条直线上，如图 6.2.1 所示。它们的电荷量 Q 均为 4.0×10^{-12} C，求 Q_2 所受静电力的大小和方向。

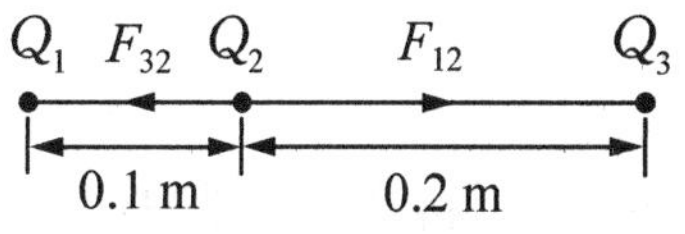

图 6.2.1

分析 同种电荷互相排斥，Q_2 所受 Q_1 的静电力 F_{12} 的方向向右，受 Q_3 的静电力 F_{32} 的方向向左，Q_2 所受的静电力是这两个力的矢量和。

解 由于 Q_2 所受的两个静电力在同一条直线上，设向右为正方向，根据库仑定律，可以得到 Q_2 所受的静电力大小为

$$F=F_{12}-F_{32}=k\frac{Q^2}{r_1{}^2}-k\frac{Q^2}{r_2{}^2}=kQ^2\left(\frac{1}{r_1{}^2}-\frac{1}{r_2{}^2}\right)$$

$$=9.0\times10^9\times(4.0\times10^{-12})^2\times\left(\frac{1}{0.1^2}-\frac{1}{0.2^2}\right)\text{N}\approx1.1\times10^{-11}\text{ N}$$

因为 $F>0$，所以 Q_2 的受力方向向右。

反思与拓展 请同学们思考一下 Q_1 和 Q_3 受到的静电力的大小是多少，方向如何。

例2 如图6.2.2所示，将电荷量为 Q 的场源正电荷放在一匀强电场中，以该场源电荷为圆心、r 为半径的圆周上有 a、b、c 三点，将电荷量为 q 的检验电荷放在 a 点，它受到的电场力正好为零，则匀强电场的场强大小和方向如何？b、c 两点的场强大小和方向如何？

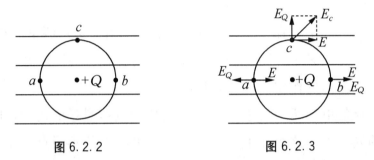

图6.2.2　　　　　　　图6.2.3

分析 场源电荷周围空间的电场是由场源电荷所产生的电场与匀强电场叠加而成的。综合检验电荷在 a 处所受的电场力为 0 以及场源电荷在 a 处产生的场强方向两个条件，即可得出匀强电场的场强大小和方向。b、c 两点的场强大小和方向均为场源电荷所产生的电场与匀强电场两个场强合成的结果。

解 如图6.2.3所示，由题意可知，$E_a=0$，即场源电荷在 a 点产生的场强和匀强电场大小相等、方向相反，所以匀强电场的场强大小为 $E=E_Q=k\dfrac{Q}{r^2}$，方向向右。

在 b 点合成两个场强可得 $E_b=2k\dfrac{Q}{r^2}$，方向向右。

在 c 点合成两个场强可得 $E_c=\sqrt{2}k\dfrac{Q}{r^2}$，方向与 E 的方向成 $45°$ 角斜向上。

反思与拓展 电场强度与电场力均为矢量，在进行场强及电场力的合成时需结合之前所学的平行四边形定则进行合成分析。

四、学科素养测评

1. 真空中有两个点电荷，当它们之间的距离为 $100r$ 时，相互作用力为 F；当它们相距 r 时，相互作用力变为（　　）

A. $\dfrac{F}{10}$　　　　B. $10F$　　　　C. $100F$　　　　D. 以上结论均不正确

2. 真空中有两个点电荷 Q_1 和 Q_2，它们之间的静电力为 F，下列做法能够让它们之

间的静电力变为 1.5F 的是（ ）

    A. 使 Q_1 的电荷量变为原来的 2 倍，Q_2 的电荷量变为原来的 3 倍，间距变为原来的 2 倍

    B. 使每个电荷的电荷量都变为原来的 1.5 倍，间距变为原来的 1.5 倍

    C. 使其中一个电荷的电荷量和间距变为原来的 1.5 倍

    D. 保持它们的电荷量不变，使间距变为原来的 $\frac{2}{3}$

3. 下列关于点电荷的说法正确的是（ ）

    A. 只有体积很小的带电体可以看成点电荷

    B. 体积很大的带电体一定不能看成点电荷

    C. 当两个带电体的形状和大小对相互作用力的影响可以忽略时，这两个带电体可以看成点电荷

    D. 任何带电球体都可以看成点电荷

4. 在电场中某点放一试探电荷，其电荷量为 q，试探电荷受到的电场力为 F，则该点电场强度为 $E=\dfrac{F}{q}$，下列说法正确的是（ ）

    A. 若移去试探电荷，则该点的电场强度就变为零

    B. 若在该点放一个电荷量为 $2q$ 的试探电荷，则该点的场强大小就变为 $\dfrac{E}{2}$

    C. 若在该点放一个电荷量为 $-2q$ 的试探电荷，则该点的场强大小仍为 E，但电场强度的方向与原来相反

    D. 若在该点放一个电荷量为 $-\dfrac{q}{2}$ 的试探电荷，则该点的场强大小仍为 E，电场强度的方向仍为原来的场强方向

5. 一正电荷在电场力的作用下由 P 点向 Q 点做加速运动，而且加速度越来越大，那么可以断定该正电荷所在的电场是（ ）

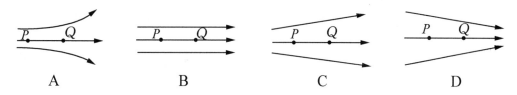

    A   B   C   D

6. 两个带正电的点电荷 A 和 B 相距 0.4 m，它们的电荷量分别为 $Q_A=1.0\times10^{-8}$ C 和 $Q_B=9.0\times10^{-8}$ C，求 A、B 连线上中点处的场强，并讨论零场强点的位置。

7. 用一条绝缘轻绳悬挂一个带正电的小球，小球的质量为 $1.0×10^{-3}$ kg，所带电荷量为 $2.0×10^{-8}$ C。现施加一水平方向的匀强电场，小球受力平衡时绝缘绳与竖直方向的夹角为 $30°$，求匀强电场的电场强度。

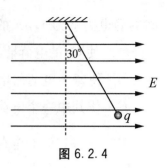

图 6.2.4

8. 两块上下平行的带电金属板间有一质量为 $1.5×10^{-8}$ kg 的带电油滴，所带电荷量为 $-4.9×10^{-12}$ C，油滴恰好匀速下降。试求两金属板间的电场强度大小和两极板的带电性质。

9. 真空中有两个点电荷，所带电荷量分别为 $Q_1=4.0×10^{-8}$ C 和 $Q_2=-1.0×10^{-8}$ C，分别固定在 x 轴上坐标为 0 cm 和 6 cm 的位置上。

（1）x 轴上哪个位置的电场强度为 0？

（2）x 轴上哪些位置的电场强度的方向是沿 x 轴正方向的？

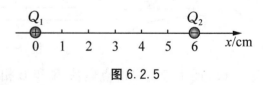

图 6.2.5

第3节 电势能 电势

一、核心素养发展要求

1. 了解电势能与电势的含义，掌握电势差与电场强度之间的关系；通过实验观察电荷在不同位置的电势能的变化规律，从而深入了解电势和电势能的性质；能够列举出电势能在生活中的应用实例。

2. 通过观察在金属导体上放置电荷与不放置电荷时电路中电压的变化，深入理解电势和电势能的性质及其变化规律。

二、核心内容理解深化

（一）电势能

电势能是电荷在电场中具有的势能。电势能是标量，在国际单位制中，单位是焦（J）。电势能是电荷与所在电场共有的，具有相对性，通常取无穷远处或大地为电势能的零点。电势能和重力势能的比较见表6.3.1。

表6.3.1 电势能和重力势能的比较

重力势能	电势能
物体具有重力势能，重力势能的大小与选取的零势能面有关，是相对值	电荷具有电势能，电势能的大小与选取的零势能点有关，是相对值
重力做多少功，物体的重力势能就改变多少，$W_\text{重}=E_\text{p1}-E_\text{p2}$，取 $E_\text{p2}=0$（零势能面），重力做功的大小就等于物体在该处的重力势能	电场力做多少功，电荷的电势能就改变多少，$W_{AB}=E_{pA}-E_{pB}$，取 $E_{pB}=0$（零势能点），电场力做功的大小就等于电荷在该处的电势能
不同重力的物体在同一处的重力势能不同，高度 $h=\dfrac{E_\text{p1}}{mg}=\dfrac{W_\text{重}}{mg}$，某处的高度 h 是相对的，选取的零势能面不同，h 就不同。高度是标量，有正负，沿重力方向高度下降	不同电荷量的粒子在同一处的电势能不同，定义 $\varphi_A=\dfrac{E_{pA}}{q}=\dfrac{W_{AB}}{q}$，某处的 φ 是相对的，选取的零势能点不同，φ 就不同。电势为标量，有正负，沿电场线方向电势降低

重力势能	电势能
不同处的高度差为 $$\Delta h = h_1 - h_2 = \frac{E_{p1}}{mg} - \frac{E_{p2}}{mg} = \frac{W_重}{mg}$$ 高度差是绝对的，与零势能面的选取无关，是标量且有正负	不同处的电势差为 $$U_{AB} = \varphi_A - \varphi_B = \frac{E_{pA}}{q} - \frac{E_{pB}}{q} = \frac{W_{AB}}{q}$$ 电势差是绝对的，与零势能点的选取无关，是标量且有正负
已知高度差，则重力做功由 $W_重 = mg\Delta h$	已知电势差，则电场力做功为 $W_{AB} = qU_{AB}$
当 $\Delta h = 0$ 时，所有的点构成等高面	当 $U_{AB} = 0$ 时，所有的点构成等势面
在同一等高面上移动物体，重力做功为零，故等高面与重力垂直 等高面越密集，地势越陡；等高面越稀疏，地势越平	在同一等势面上移动电荷，电场力做功为零，故等势面与电场方向垂直 等势面越密集，电场越大；等势面越稀疏，电场越小
物体不考虑极性	电荷有极性

（二）电势与电势差

电荷在电场中某一点的电势能与电荷量的比值叫作该点的电势，通常用 φ 表示电势。电势在数值上与单位电荷在该点所具有的电势能相等。

电场中任意两点的电势之差，称为这两点的电势差。电势差又称为电压，用 U 表示。在国际单位制中，电势差与电势的单位相同，都是伏（V）。沿电场线的方向，电势越来越低。

在匀强电场中，电场强度等于电场中两点间的电势差与这两点沿电场方向距离的比值。由于电势差的单位为 V，距离的单位为 m，所以可以得出电场强度的另一个单位是 V/m。

三、学以致用与拓展

例 1 如图 6.3.1 所示的电场中，已知 A、B 两点间的电势差 $U_{AB} = -10$ V。

(1) 将 $q = +2.0 \times 10^{-9}$ C 的点电荷由 A 点移动到 B 点，电场力做多少功？电势能是增加还是减少？

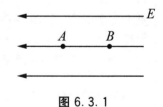

图 6.3.1

(2) 将 $q = -1.0 \times 10^{-9}$ C 的点电荷由 A 点移动到 B 点，电场力做多少功？电势能是增加还是减少？

分析 计算电场力做功，可以利用 $W = qU$，但需要分别考虑 q 与 U 的正负号。

解 (1) 电场力所做的功为
$$W_{AB} = qU_{AB} = 2.0 \times 10^{-9} \times (-10) \text{ J} = -2.0 \times 10^{-8} \text{ J}$$

因为电场力做负功，所以电势能增加。

(2) 电场力所做的功为
$$W_{AB} = qU_{AB} = -1.0 \times 10^{-9} \times (-10) \text{ J} = 1.0 \times 10^{-8} \text{ J}$$

因为电场力做正功,所以电势能减少。

反思与拓展 电场力做正功,电势能会减少;电场力做负功,电势能会增加。上述结论可以通过能量守恒定律来解释:能量不能被创造或消灭,只能从一种形式转化为另一种形式。在电场中,电场力对电荷做正功时,一定有电势能的减少和其他形式能量的增加(如果没有其他的力对电荷做功,电荷的动能会增加,而这部分增加的动能是完全从电势能中转化而来的)。

例2 如图6.3.2所示,将电荷量 $q_1 = 4.0 \times 10^{-8}$ C 的点电荷沿电场线从 A 点移动到 C 点,电场力做功为 5.0×10^{-6} J,将电荷量 $q_2 = -2.0 \times 10^{-8}$ C 的点电荷沿电场线从 B 点移动到 C 点,电场力做功为 3.0×10^{-6} J,若取 C 点的电势为零,求:

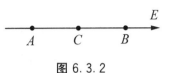

图6.3.2

(1) A、B 两点的电势;

(2) A、B 两点的电势差。

分析 q_1 从 A 点移到 C 点,电场力做正功,$W_{AC} = q_1 U_{AC}$;q_2 从 B 点移到 C 点,电场力做正功,$W_{BC} = q_2 U_{BC}$。

解 (1) A、C 两点的电势差为

$$U_{AC} = \frac{W_{AC}}{q_1} = \frac{5.0 \times 10^{-6}}{4.0 \times 10^{-8}} \text{ V} = 125 \text{ V}$$

因为 $\varphi_C = 0$ V,$U_{AC} = \varphi_A - \varphi_C$,所以 $\varphi_A = U_{AC} + \varphi_C = 125$ V。

q_2 从 B 点移到 C 点,电场力做正功,$W_{BC} = q_2 U_{BC}$,故

$$U_{BC} = \frac{W_{BC}}{q_2} = \frac{3.0 \times 10^{-6}}{-2.0 \times 10^{-8}} \text{ V} = -150 \text{ V}$$

而 $U_{BC} = \varphi_B - \varphi_C$,所以 $\varphi_B = U_{BC} + \varphi_C = -150$ V。

(2) A、B 两点的电势差为

$$U_{AB} = \varphi_A - \varphi_B = [125 - (-150)] \text{ V} = 275 \text{ V}$$

反思与拓展 电场力做功的正负和大小,取决于电荷的电性、大小及做功前后两点之间的电势差。

四、学科素养测评

1. 把两个异种电荷的距离增大一些,则(　　)
A. 电场力做正功　　B. 电场力做负功　　C. 电势能不变　　D. 电势能减少

2. 如图6.3.3所示的电场中,A、B 两点的电势分别为 φ_A 和 φ_B,电场强度分别为 E_A 和 E_B,则(　　)

A. $E_A > E_B$,$\varphi_A < \varphi_B$
B. $E_A < E_B$,$\varphi_A > \varphi_B$
C. $E_A > E_B$,$\varphi_A > \varphi_B$
D. $E_A < E_B$,$\varphi_A < \varphi_B$

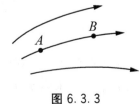

图6.3.3

3. 在匀强电场中，下列说法正确的是（　　）

A. 各点的电势都相等

B. 各点的电场强度大小相同，方向不一定相同

C. 各点的电场强度大小相同，方向也一定相同

D. 沿电场线方向移动任何电荷时，它的电势能都逐渐减少

4. 关于 $\varphi = \dfrac{E_\text{p}}{q}$，下列说法正确的是（　　）

A. 电场中某点的电势与该点放置的电荷的电势能成正比

B. 电场中某点的电势与该点放置的电荷的电势能成反比

C. 电荷在电场中某点所具有的电势能与它的电荷量的比值是一个常量

D. 以上说法都不对

5. 外力克服电场力做功时（　　）

A. 电荷的动能一定增大

B. 电荷的动能一定减小

C. 电荷一定从电势能大处移动到电势能小处

D. 电荷有可能从电势能小处移动到电势能大处

6. 一电荷量为 2.0×10^{-9} C 的点电荷在外力作用下，从静电场中的 A 点运动到 B 点，在这一过程中外力克服电场力做的功为 8.0×10^{-6} J。关于 A、B 两点的电势差 U，下列结论正确的是（　　）

A. 可以断定 $U = 4\,000$ V

B. 可以断定 $U = -4\,000$ V

C. U 可能等于零

D. 不能判断 U 的值

7. 图 6.3.4 所示的虚线 a、b、c、d、f 代表匀强电场内间距相等的一组等势面，已知平面 b 上的电势为 2 V。一电子经过 a 时的动能为 10 eV，从 b 到 d 的过程中克服电场力所做的功为 4 eV。下列判断不正确的是（　　）

A. 平面 c 上的电势为零

B. 该电子经过平面 d 时的动能为 4 eV

C. 该电子经过平面 f 时的电势能为 4 eV

D. 该电子经过平面 b 时的速率是经过 d 时的 2 倍

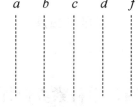

图 6.3.4

8. 两块带等量异种电荷的金属板之间是匀强电场，如图 6.3.5 所示，$AB = BC = CD = DE = 4$ mm，负极板接地，两极板间的电势差为 120 V。问：

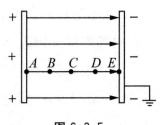

图 6.3.5

(1) 两极板间的电场强度是多大？

(2) A、B、C、D、E 五点的电势各是多大？

9. 已知 A 点的电势为 200 V，B 点的电势为 400 V，现把一电荷量为 -6×10^{-8} C 的试探电荷从 A 点移到 B 点，此过程中电场力做了多少功？电势能是增加还是减少？

10. 将水平放置的两块平行金属板接在 200 V 的电源上，要使一个质量为 0.5 g、电荷量为 -5.0×10^{-7} C 的微粒恰好平衡，则场强大小、方向如何？两板间距多少？若电压增加到 400 V，粒子还能平衡吗？若能，试证明；若不能，粒子将如何运动？

第 4 节 静电应用与避雷技术

一、核心素养发展要求

1. 了解静电感应现象并掌握静电屏蔽的原理。通过观察将带电导体靠近枕形导体导致金属箔张开的过程中的现象，能够说明其原理。能够列举出静电在生活中的应用实例。

2. 了解利用静电及防止静电的方法，形成辩证看待问题的态度，培养科学素养和社会责任感。

二、核心内容理解深化

（一）尖端放电

尖端放电是强电场作用下物体尖锐部分发生的一种放电现象。导体带电时，其表面突出和尖锐的地方，电荷分布较为密集，使其附近形成很强的电场。导体尖端附近空气中残留的正、负离子在强电场的作用下剧烈运动，并与空气中的气体分子碰撞，将气体分子电离成许多新的正、负离子。与尖端带同种电荷的离子，受到排斥，远离尖端，形成"电风"，与尖端带异种电荷的离子受到吸引，奔向尖端，与尖端上的电荷中和，这就是尖端放电。

尖端放电的形式主要有电晕放电和火花放电两种。在导体所带电荷量较小且尖端较尖时，尖端放电多为电晕放电。这种放电只在尖端附近局部区域内进行，使这部分区域的空气电离，并伴有微弱的荧光和嘶嘶声。因放电能量较小，这种放电一般不会成为易燃易爆物品的引火源，但可能引起其他危害。在导体所带电荷量较大且电位较高时，尖端放电多为火花放电。这种放电伴有强烈的发光和破坏声响，其电离区域由尖端扩展至接地体（或放电体），在两者之间形成放电通道。由于这种放电的能量较大，所以其引燃、引爆及引起人体电击的危险性较大。

尖端放电的发生还与周围环境有关。

（1）环境温度越高越容易放电。温度越高，电子和离子的动能越大，就更容易发生电离。

（2）环境湿度越低越容易放电。湿度高时空气中水分子增多，电子与水分子碰撞的机会增多，碰撞后形成活动能力很差的负离子，使碰撞能量减弱。

（3）气压越低越容易放电。因为气压越低气体分子间距越大，电子或离子的平均自由程越大，加速时间越长，动能越大，更容易发生碰撞电离。

三、学以致用与拓展

例题 一绝缘座上的开口空心金属球 A 带有 4.0×10^{-6} C 的正电荷，一个有绝缘柄的金属小球 B 带有 2.0×10^{-6} C 的负电荷，如图 6.4.1 所示，把 B 球跟 A 球内壁接触，则 A、B 球所带的电荷量分别为（　　）

A. $Q_A=1.0\times10^{-6}$ C，$Q_B=1.0\times10^{-6}$ C

B. $Q_A=2.0\times10^{-6}$ C，$Q_B=0$

C. $Q_A=0$，$Q_B=2.0\times10^{-6}$ C

D. $Q_A=4.0\times10^{-6}$ C，$Q_B=2.0\times10^{-6}$ C

图 6.4.1

分析 当B球跟A球内壁接触时，A、B两球构成一个导体；而在静电平衡状态下，导体中过剩的电荷只能分布在导体的外表面上，故电荷全部分布在A球的外表面上，B球是整个导体的"内部"，故 $Q_A = [4.0×10^{-6}+(-2.0×10^{-6})]$ C $=2.0×10^{-6}$ C，$Q_B=0$。

答案 B

反思与拓展 解决这类问题时，首先要考虑导体接触后的电中和，再根据过剩电荷分布在导体表面的原理，将两个导体看成一个整体去考虑，从而判断电荷的大小和分布。

四、学科素养测评

1. 判断下列说法是否正确。

   (1) 在任何情况下，静电都不会对人造成伤害。（　）

   (2) 油罐车尾部拖有落地金属链条，可避免静电造成危害。（　）

   (3) 将电子设备置于接地且封闭的金属罩中，可避免外界电场对设备的影响。（　）

   (4) 导体处于静电平衡时，若电荷在导体表面上移动，则电场力做功一定为零。（　）

2. 下列与静电有关的各种应用中，属于防范静电的是（　）

   A. 油罐车后面拖有铁链　　　　B. 静电喷涂

   C. 静电复印　　　　　　　　　D. 静电除尘

3. 计算机显示器的玻璃荧光屏容易布满灰尘，这主要是因为（　）

   A. 灰尘的自然堆积

   B. 玻璃有极强的吸附灰尘的能力

   C. 计算机工作时，荧光屏表面有静电，容易吸附灰尘

   D. 计算机工作时，荧光屏表面温度较高

4. 有哪些措施可以有效防止静电带来的危害？

5. 请简要论述静电植绒的工作原理及工作流程。

第5节 电容器

一、核心素养发展要求

1. 了解电容器的基本结构和功能，了解电容的概念及其大小与哪些因素有关。

2. 了解电容器在平板电脑、笔记本电脑、数码相机等产品中的广泛应用，激发学习物理的热情，培养正确对待科学发展的态度。

二、核心内容理解深化

（一）电容器及电容

电容器是由两个靠在一起但又彼此绝缘的导体组成的，它是计算机和其他各类电气设备中的常用元件，可以容纳电荷和储存电能。将电容器的正极板与电源的正极相连，将电容器的负极板与电源的负极相连，则两个极板分别带上等量异种电荷，这个过程叫作电容器的充电。充电后，将电容器的两极板接通，放电电流由电容器的正极板经导线流向电容器的负极板，正负电荷中和，最后两极板的电势差以及放电电流均为 0，这个过程叫作电容器的放电。

电容器的电容为电容器所带的电荷量 Q 与电容器两极板间的电势差 U 的比值，即

$$C = \frac{Q}{U}$$

它是电容器在单位电压下能储存或容纳电荷能力的量度。可见，电势差一定时，较大的电容可以存储较多的电荷。电容的单位为法（F），1 F 是相当大的电容单位，常用单位有微法（μF）、皮法（pF）等。常用电容器的电容范围一般为 10^{-12} F(1 pF)～10^{-6} F(1 μF)。

三、学以致用与拓展

例1 两个较大的平行金属板 A、B 相距为 d，分别接在电压为 U 的电源的正、负极上，这时质量为 m、电荷量为 $-q$ 的油滴 P 恰好静止在两板之间，如图 6.5.1 所示。在其他条件不变的情况下，如果将两板非常缓慢地向左右错开一些，那么在错开过程中（　　）

A. 油滴将向上加速运动，电流计中的电流从 b 流向 a

B. 油滴将向上加速运动，电流计中的电流从 a 流向 b

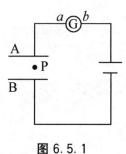

图 6.5.1

C. 油滴静止不动，电流计中的电流从 b 流向 a

D. 油滴静止不动，电流计中的电流从 a 流向 b

分析 此题有两个要求：一是判断带电油滴运动状态的变化，二是判断电流计中的电流方向。要判断带电油滴运动状态的变化，需分析带电油滴受力的变化情况。原本带电油滴受到向上的电场力和向下的重力，两力恰好平衡，即 $mg=qE$。

缓慢错开两板，两板的正对面积减小，但两板间电压未变，板间距离也未变，所以场强 $E=\dfrac{U}{d}$ 不变，因此 qE 仍等于 mg，油滴仍处于静止状态。

要判断电流计中的电流方向，需判断电容器的电荷量如何变化。由于正对面积减小，电容变小，而电压不变，所以电容器中的电荷量减少，此时电容器放电，又因上极板带正电荷，所以电流计中的电流从 a 流向 b，故选 D。

答案 D

反思与拓展 此题涉及物体的受力分析、电场力的大小、场强与电势差的关系、影响电容的因素、电容器充电和放电过程的分析等，对综合分析能力要求较高。

例 2 如图 6.5.2 所示是工业自动化生产中使用的电容测厚仪，其平行板电容器的极板间距会随通过金属板材厚度的变化而变化。设板材的标准厚度为 d_0 时，电容器的电容为 C_0，现在测得电容的改变量为 ΔC，求此时通过的板材的厚度 d。

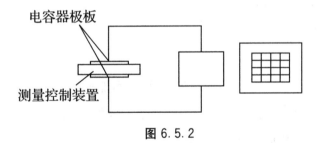

图 6.5.2

分析 平行板电容器的电容 C 与极板之间的距离 d 成反比，即 $C=\dfrac{\varepsilon_r S}{4\pi k d}$，可以通过 C_0 改变为 C 时 d 的变化来求得。

解 根据电容的计算公式可得 $C_0=\dfrac{\varepsilon_r S}{4\pi k d_0}$，$C=\dfrac{\varepsilon_r S}{4\pi k d}$，则有

$$\Delta C=C-C_0=\dfrac{\varepsilon_r S}{4\pi k d}-\dfrac{\varepsilon_r S}{4\pi k d_0}=\dfrac{\varepsilon_r S}{4\pi k d_0}\left(\dfrac{d_0}{d}-1\right)$$

因此有 $\Delta C=C_0\left(\dfrac{d_0}{d}-1\right)$，$\dfrac{d_0}{d}=\dfrac{\Delta C}{C_0}+1$，整理可得

$$d=\dfrac{C_0}{C_0+\Delta C}d_0$$

反思与拓展 这种把非电学量 d 转换成电学量 ΔC 来测定的装置，就是一种自动控制生产的传感器。

四、学科素养测评

1. 如图 6.5.3 所示的实验中，关于平行板电容器的充、放电，下列说法正确的是（   ）

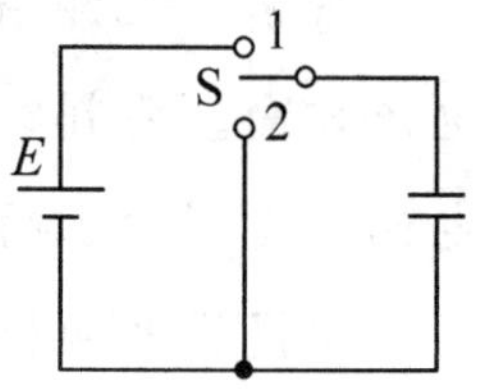

   A. 开关接 1 时，平行板电容器充电，且上极板带正电

   B. 开关接 1 时，平行板电容器充电，且上极板带负电

   C. 开关接 2 时，平行板电容器充电，且上极板带正电

   D. 开关接 2 时，平行板电容器充电，且上极板带负电

图 6.5.3

2. 连接直流电源两极的平行板电容器，当两极板间距离减小时，则（   ）

   A. 电容器的电容减小　　　　　B. 电容器的电荷量减小

   C. 电容器两极板间电压增大　　D. 电容器两极板间场强增大

3. 一个电容为 C 的平行板电容器与电源相连，开关闭合后，电容器极板间的电压为 U，极板上的电荷量为 q。在不断开电源的条件下，把两极板间的距离增大一倍，则（   ）

   A. U 不变，q 和 C 都减小一半　　B. U 不变，C 减小一半，q 增大一倍

   C. q 不变，C 减小一半，U 增大一倍　D. q、U 都不变，C 减小一半

4. 如图 6.5.4 所示的电路中，当 $C_1>C_2>C_3$ 时，它们两端的电压的关系为（   ）

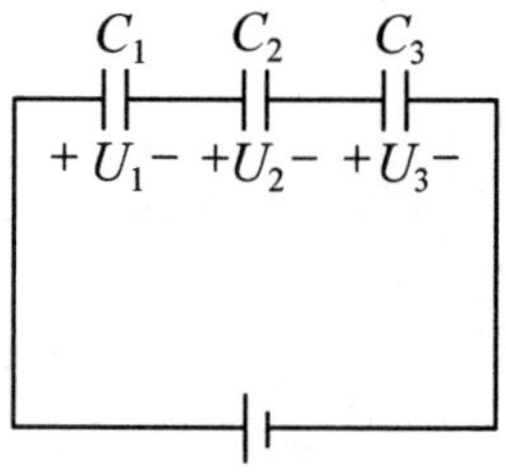

   A. $U_1=U_2=U_3$　　　　B. $U_1>U_2>U_3$

   C. $U_1<U_2<U_2$　　　　D. 不能确定

图 6.5.4

5. 对于水平放置的平行板电容器，下列说法正确的是（   ）

   A. 将两极板的间距加大，电容将增大

   B. 将两极板平行错开，使正对面积减小，电容将减小

   C. 在下极板的内表面上放置一面积和极板相等、厚度小于极板间距的陶瓷板，电容将增大

   D. 在下极板的内表面上放置一面积和极板相等、厚度小于极板间距的铝板，电容将增大

6. 一平行板电容器，两极板间介质是空气，极板的面积为 50 mm^2，极板间距为 1 mm。

   （1）求电容器的电容；

   （2）如果两极板间的电压为 300 V，电容器所带的电荷量为多少？

7. 验证"F（法）"是一个很大的单位。极板间距为 0.1 cm 的空气电容器，若要具有 1 F 的电容，极板的正对面积应为多大？

8. 有一平行板电容器，其极板间距为 0.24 mm，每一极板为边长是 122 mm 的正方形，两极板间为真空，其电容为多少？若电容器两端的电势差为 45 V，每一极板上所带的电荷量又是多少？

本章综合检测卷

一、选择题

1. 在电场中某点放入电荷量为 q 的正电荷时测得该点的场强为 E，若在同一点放入电荷量为 $q'=4q$ 的负电荷时，则该点的场强（   ）

   A. 大小为 $4E$，方向与 E 相同
   B. 大小为 $4E$，方向与 E 相反
   C. 大小为 E，方向与 E 相同
   D. 大小为 E，方向与 E 相反

2. 电场中有一点 P，下列说法正确的是（   ）

   A. 若放在 P 点的电荷的电荷量减半，则 P 点的场强减半
   B. 若 P 点没有检验电荷，则 P 点的场强为零
   C. P 点的场强方向为试探电荷在该点的受力方向
   D. P 点的场强越大，则同一电荷在 P 点受到的电场力越大

3. 如图甲所示，AB 是一个点电荷的电场线，图乙则是电场线上 a、b 处的检验电荷的电荷量大小与所受电场力大小之间的关系图像，由此可以判断（   ）

   A. 场源电荷是正电荷，位置在 B 侧
   B. 场源电荷是正电荷，位置在 A 侧
   C. 场源电荷是负电荷，位置在 A 侧
   D. 场源电荷是负电荷，位置在 B 侧

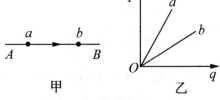

第 3 题图

4. 在静电场中 a、b、c、d 四点分别放入检验电荷，其电荷量可变，但很小。测出检验电荷所受电场力与电荷量的关系如图所示。由图可知（   ）

   A. a、b、c、d 四点不可能在同一条电场线上
   B. 四点的场强关系是 $E_c>E_a>E_b>E_d$
   C. 四点的场强方向不同
   D. 以上答案都不对

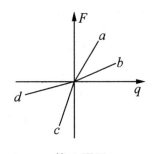

第 4 题图

5. 下列关于电容器及其电容的说法正确的是（   ）

   A. 任何两个彼此绝缘而又相互靠近的导体，就组成了电容器，与这两个导体是否带电无关
   B. 电容器所带的电荷量是指每个极板所带电荷量的代数和
   C. 电容器的电容与电容器所带的电荷量成反比

D. 一个电容器的电荷量增加 $\Delta Q=1.0\times 10$ C 时，两极板间电压升高 10 V，由此无法确定电容器的电容

6. 对于给定的电容器，描述其电容 C、电荷量 Q、电压 U 之间相应关系的图应为下列选项中的（　　）

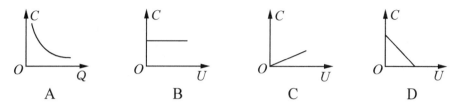

7. 下列不是静电防护设备或静电防护用品的是（　　）

　A. 静电工作台　　　　　　　　B. 离子风枪
　C. 防静电工作服　　　　　　　D. 绒布手套

二、填空题

8. 如图所示的电场中，有 A、B、C 三点，则负电荷在 _____ 点所受的电场力最大，负电荷在 _____ 点具有的电势能最大。

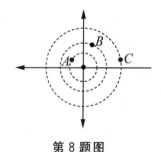

第8题图

9. 电荷量为 3×10^{-6} C 的粒子先后经过电场中的 A、B 两点，克服电场力做功 6×10^{-4} J，已知 B 点的电势为 50 V，则

（1）A、B 两点间的电势差是 $U_{AB}=$ _____ V；

（2）A 点的电势 $\varphi_A=$ _____ V；

（3）电势能的变化量 $\Delta E_p=$ _____ J；

（4）电荷量为 -3×10^{-6} C 的电荷在 A 点的电势能 $E_{pA}=$ _____ J。

10. 深圳属雷雨多发地，每年 4~8 月尤甚。梧桐山风景区大梧桐顶鹏城第一峰附近曾发生过登山游客遭雷击事件，导致 1 死 1 重伤。据目击者介绍：走在前面的一位女士突然倒地，头发和衣服都烧没了。此外，还有一名女子也被雷电击中倒地，而当时在场的人均有被雷电击中后酥麻的感觉。事后有专业人士介绍，雷电的形成原因是云中带有大量的静电，形成很强的电场，击穿空气而发生放电，电场强度超过 3×10^6 V/m 时空气就会被击穿。此次产生闪电时，乌云离山顶的距离为 240 m，则此时乌云与山顶间的电势差至少为 _____ V。

三、计算与简答题

11. 静电的基本物理特性为：吸引或排斥，与大地有电势差，会产生放电电流。这三种特性能对电子元件的影响有哪些？

12. 电场力可以应用于粒子加速器、航天中的导航修正、改变物质内部粒子的排列等。现把一个点电荷从电势为 500 V 的 A 点移到电势为 200 V 的 B 点时,电场力做功 -6×10^{-5} J,求点电荷的电荷量。

13. 为研究静电除尘,有人设计了一个盒状容器,容器侧面是绝缘的透明有机玻璃,它的上、下底面是面积 $S=0.04$ m^2 的金属板,间距 $L=0.05$ m,当连接到 $U=2\,500$ V 的高压电源正、负两极时,能在两金属板间产生一个匀强电场。现把一定量均匀分布的烟尘颗粒密闭在容器内,每立方米有烟尘颗粒 10^{13} 个,假设这些颗粒都处于静止状态,每个颗粒所带电荷量 $q=1\times10^{-17}$ C,质量 $m=2\times10^{-15}$ kg,不考虑烟尘颗粒之间的相互作用和空气阻力,并忽略烟尘颗粒的重力。闭合开关后:

(1) 经过多长时间烟尘颗粒可以被全部吸附?

(2) 除尘过程中电场对烟尘颗粒共做了多少功?

(3) 经过多长时间容器中烟尘颗粒的总动能达到最大?

第7章 恒定电流

第1节 电流 电源 电动势

一、核心素养发展要求

1. 理解电流、电源和电动势等概念，了解电流形成的条件及其应用。
2. 了解电源是把其他形式的能转化为电能的装置，电源电动势与电源是否接入电路无关等物理观念，并了解电源在生产、生活中的应用。
3. 通过对比水流，理解电流的强弱，能区分电动势和电压。
4. 了解电源的发展现状，树立安全意识。

二、核心内容理解深化

（一）电流

电荷的定向移动形成电流。形成电流，必须要有能自由移动的电荷和电压。

物理学中规定，正电荷定向移动的方向为电流的方向，负电荷定向移动的方向与电流的方向相反。

物理学中用电流这个物理量来描述电流的强弱，电流等于每秒内通过导体横截面的电荷量，即

$$I=\frac{q}{t}$$

（二）电源 电动势

电池、发电机等都是电源。电源能提供电流，是因为电源把其他形式的能转化成了电能。在电路中，电流从电源正极经过用电器流向电源负极。

不同的电源把其他形式的能转化为电能的本领不同。物理学中用电动势表示电源的这种本领。电动势用 E 表示，其单位与电压的单位一样，也是伏（V）。电动势越大，说明电源将其他形式的能转化为电能的本领就越大。

电动势与电压的概念不同，但如果电源没有接入电路，用电压表测得的它两端的电压就等于电源的电动势。电动势的单位与电压一样，但它们的意义却不相同。电动势是专门描述电源特性的物理量，与电源是否接入电路无关。

三、学以致用与拓展

例1 现代生活离不开电源，电子手表、移动电话、计算器及许多电子产品都需要配备各式各样的电源。下列关于电源的说法正确的是（　　）

A．只要电路中有电源，电路中就一定有电流

B．电源的作用就是将其他形式的能转化为电能

C．电源实质上也是一个用电器，也需要外界提供能量

D．电源接入电路时，才有电动势

分析 电源是将其他形式的能转化为电能的装置；电源为电路提供电能；电源电动势与是否接入电路无关；电路中有电源且闭合才有电流。

答案 B

反思与拓展 不间断电源通常简称为 UPS，其功能和作用类似于我们日常所用的充电宝，是一种实现循环储存—释放电能的设备。当电网正常运行时，UPS 处于充电保持状态；在遇到电网突然停电时，UPS 瞬间提供与电网同样电压的工频电能，处于和充电相反的放电状态。所以 UPS 又被称为备用电源。

例2 某导线中的电流为 3.2 A，在 1 s 内通过该导线某一横截面的电子有多少个？

分析 根据电流的定义可求出电荷量，用电荷量除以电子的电荷量就可得出电子的个数。

解 由 $I=\dfrac{q}{t}$ 及导线中的电流为 3.2 A，可得每秒内通过该导线某一横截面的电荷量为 $q=3.2$ C。

又因为电子的电荷量 $e=1.6\times 10^{-19}$ C，所以 1 s 内通过该导线某一横截面的电子数为

$$n=\dfrac{q}{e}=\dfrac{3.2}{1.6\times 10^{-19}}=2.0\times 10^{19}\text{（个）}$$

反思与拓展 带电体的电荷量和质量的比值，称为比荷，也称荷质比。测量比荷是研究带电粒子和物质结构的重要方法。

四、学科素养测评

1．判断下列说法是否正确。

(1) 只要有电势差，就一定形成电流。（　）

(2) 只要有电荷的运动，就有电流存在。（　）

(3) 电动势和电压的单位相同，所以电动势就是电源两极间的电压。（　）

2. 在金属导体中产生恒定电流的条件是（　）

A. 有可以自由移动的电荷

B. 导体两端有电压

C. 导体两端有方向不变的电压

D. 导体两端有方向不变且大小恒定的电压

3. 当一根金属通电导体中的电流为 32 μA 时，在 10^{-9} s 内有_____个电子通过这根导体的横截面。

4. 物理学中用电动势表示电源把_____的本领。

5. 在 NaCl 溶液中，正、负电荷定向移动，方向如图 7.1.1 所示。若测得 2 s 内分别有 $1.0×10^{18}$ 个 Na^+ 和 Cl^- 通过溶液内部的横截面 M，问：溶液中的电流方向如何？电流为多大？

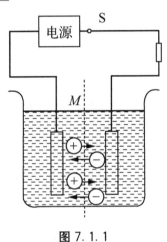

图 7.1.1

第 2 节　闭合电路欧姆定律

一、核心素养发展要求

1. 理解闭合电路、内阻、路端电压的概念。

2. 理解闭合电路欧姆定律，并能用其解决相关问题。

二、核心内容理解深化

（一）闭合电路欧姆定律

闭合电路由外电路和内电路组成。在闭合电路中，电源电动势等于外电路电压和内电路电压之和，即 $E=U_内+U_外$。闭合电路中的电流与电源电动势成正比，与内、外电阻之和成反比。这个结论叫作闭合电路欧姆定律。

路端电压随外电阻的增大而增大，随外电阻的减小而减小。外电路断开（称为开路或断路）时，电流变为0，内电压也变为0，这时的路端电压和电动势相等；短路时，外电阻为0，电路中的电流 $I=\dfrac{E}{r}$。一般短路电流很大，容易发生安全事故。

闭合电路欧姆定律与初中所学过的欧姆定律是有区别的。闭合电路欧姆定律又名全电路欧姆定律，是对欧姆定律的一种扩展，适用范围更广。它适用于整个闭合电路，包括电源、外电路电阻和电源内阻；而欧姆定律关注的是单一导体或元件中电流、电压和电阻的关系。

三、学以致用与拓展

例1 在如图7.2.1所示的电路中，$R_1=14\ \Omega$，$R_2=9\ \Omega$。当单刀双掷开关S扳到位置1时，测得电流 $I_1=0.2$ A；当S扳到位置2时，测得电流 $I_2=0.3$ A。电源电动势 E 和内阻 r 各是多少？

分析 已知 $R_1=14\ \Omega$，$R_2=9\ \Omega$，$I_1=0.2$ A，$I_2=0.3$ A，求 E、r。

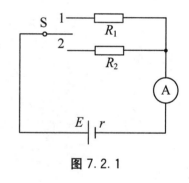

图7.2.1

解 由闭合电路欧姆定律可列出

$$\begin{cases} E=I_1R_1+I_1r \\ E=I_2R_2+I_2r \end{cases}$$

联立方程，代入数据解得

$$\begin{cases} E=3\text{ V} \\ r=1\ \Omega \end{cases}$$

反思与拓展 无论欧姆定律如何变化，和 $R=\dfrac{U}{I}$ 没有本质区别，只是要考虑的因素变多了。部分电路欧姆定律没有考虑电源的影响，而闭合电路欧姆定律要考虑电源本身的电阻等因素。

例2 "天舟一号"与"天宫二号"的成功对接，表明中国空间站的建设迈出了坚实的一步。飞行器在太空中飞行，主要靠太阳能电池板提供能量。太阳能电池板的开路电压为 800 mV，短路电流为 40 mA。若将该电池板与一阻值为 20 Ω 的电阻连成一闭合电路，则它的路端电压是多少？

分析 已知 $E=800\ \text{mV}=0.8\ \text{V}$，$I_\text{短}=40\ \text{mA}=0.04\ \text{A}$，$R=20\ \Omega$，求 $U_\text{外}$。

解 由 $I_\text{短}=\dfrac{E}{r}$ 变形可得

$$r=\frac{E}{I_\text{短}}=\frac{0.8}{0.04}\ \Omega=20\ \Omega$$

由闭合电路欧姆定律，有

$$I=\frac{E}{R+r}=\frac{0.8}{20+20}\ \text{A}=0.02\ \text{A}$$

$$U_\text{外}=E-Ir=(0.8-0.02\times20)\ \text{V}=0.4\ \text{V}$$

反思与拓展 中国空间站取名"天宫"，寄托了中华民族对广袤太空的无限遐想，同时也表明中国空间站将是一个长期安全稳定运行且宜居的太空家园。

四、学科素养测评

1. 判断下列说法是否正确。

(1) 当电路闭合时，电源电动势在数值上等于内、外电路的电压之和。（　　）

(2) 当电源断路时，电流为零，所以路端电压也为零。（　　）

2. 电源电动势为 3 V，内阻为 0.3 Ω。当外电路断路时，电路中的电流和路端电压分别是（　　）

A. 0 A，3 V　　　B. 10 A，0 V　　　C. 10 A，3 V　　　D. 0 A，0 V

3. 在如图 7.2.2 所示的电路中，电源电动势 E 和内阻 r 一定，当滑动变阻器的滑片 P 向右移动时，（　　）

A. 电流表和电压表的示数都变大

B. 电流表和电压表的示数都变小

C. 电流表的示数变大，电压表的示数变小

D. 电流表的示数变小，电压表的示数变大

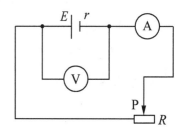

图 7.2.2

4. 汽车的电源与电动机、车灯连接的简化电路如图 7.2.3 所示。当汽车启动时，开关 S 闭合，电动机工作，车灯突然变暗。下列关于该情况的判断错误的是（　　）

A. 电路的总电阻减小

B. 电路的总电流变小

C. 电源的内电压变大，路端电压变小

D. 车灯的电流变小

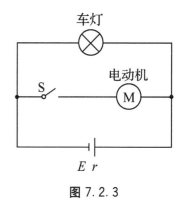

图 7.2.3

5. 电源电动势为 6 V，内阻为 0.1 Ω，电路发生短路时电路中的短路电流为_____，发生断路时路端电压为_____。

6. 如图 7.2.4 所示，当滑动变阻器的滑片在某一位置时，电流表和电压表的读数分别为 1 A 和 10 V；当滑动变阻器的滑片在另一位置时，电流表和电压表的读数分别为 2 A 和 8 V。求电源电动势 E 和内阻 r。

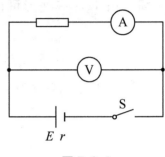

图 7.2.4

7. 在如图 7.2.5 所示的电路中，电源电动势 $E=10$ V，内阻 $r=1$ Ω，求当外电阻分别是 3 Ω、4 Ω、9 Ω 时所对应的路端电压。通过数据计算，你发现了怎样的规律？根据闭合电路欧姆定律写出路端电压 U 与干路电流 I 之间的关系式，并画出 U-I 图像。

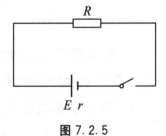

图 7.2.5

第3节 电功与电功率

一、核心素养发展要求

1. 了解电功、电功率、电热功率的概念，理解焦耳定律，并能进行简单的应用。
2. 能分析电路中能量的转化，会判断纯电阻电路和非纯电阻电路。
3. 通过实验，了解纯电阻电路和非纯电阻电路中电压、电流、电阻的关系。
4. 了解一些常用电器可能产生危害的原因，增强安全用电意识。

二、核心内容理解深化

（一）电功和电功率

在电路中，电场力所做的功通常称为电流做功，简称电功。电功等于这段电路两端的电压 U、电路中的电流 I 和通电时间 t 三者的乘积，即 $W=UIt$。电流做多少功，就消耗多少电能。

电场力做功的快慢用电功率描述。单位时间内电场力所做的功称为电功率，用 P 表示，$P=UI$。

（二）焦耳定律

电流通过导体时产生的热量，与电流的二次方、导体的电阻和通电时间的乘积成正比。这就是焦耳定律，其表达式为 $Q=I^2Rt$。若用电器是纯电阻，电流所做的功将全部转换成热量，即 $Q=W$。若用电器是非纯电阻，电流所做的功将部分转换成热量，即 $Q \neq W$。

单位时间内电流产生的热量 P_Q，称为电热功率，其表达式为 $P_Q=I^2R$。若用电器是纯电阻，则有 $P=P_Q$；若用电器是非纯电阻，则有 $P \neq P_Q$。

三、学以致用与拓展

例1 一浴霸的额定功率 $P=1.1$ kW、额定电压 $U=220$ V。该浴霸在正常工作时，通过的电流有多大？如果连续正常工作 30 min，消耗多少电能？

分析 已知 $P=1.1$ kW$=1\,100$ W，$U=220$ V，根据电功率公式可求出电流，电流做多少功就消耗多少电能。

解 由电功率公式有

$$I = \frac{P}{U} = \frac{1\,100}{220} \text{ A} = 5 \text{ A}$$

消耗的电能为

$$W = UIt = 220 \times 5 \times 30 \times 60 \text{ J} = 1.98 \times 10^6 \text{ J}$$

反思与拓展 浴霸是将电能全部转化为内能的设备，时间越长，消耗的电能越多，产生的热量越大，从安全角度考虑，不应长时间使用。

例 2 一台电动机，线圈的电阻是 0.4 Ω，当它两端所加的电压为 220 V 时，通过的电流是 5 A。问：这台电动机的发热功率与对外做功的功率各是多少？

分析 电动机的发热功率，即电热功率，可根据电热功率的定义式直接求出。电动机将电能转化为机械能和内能，所以电动机的电功率等于它的电热功率和对外做功的功率之和。

解 根据电热功率公式有

$$P_Q = I^2 R = 5^2 \times 0.4 \text{ W} = 10 \text{ W}$$

电动机的电功率为

$$P = UI = 220 \times 5 \text{ W} = 1\,100 \text{ W}$$

电动机对外做功的功率为

$$P_{对外做功} = P - P_Q = (1\,100 - 10) \text{ W} = 1\,090 \text{ W}$$

反思与拓展 电动机不是纯电阻，它将电能转化为机械能和内能。

四、学科素养测评

1. 电流通过一段导体所做的功取决于（　　）

   A. 通过导体的电流和导体两端的电压以及通电时间

   B. 通过导体的电流和导体两端的电压

   C. 通过导体的电荷量和导体两端的电压

   D. 通过导体的电流和导体两端的电压以及导体的电阻

2. 如图 7.3.1 所示的手电筒中的电流为 0.50 A，电压为三节干电池的电压之和。该手电筒消耗的功率为（　　）

   A. 0.11 W　　　B. 1.1 W

   C. 2.25 W　　　D. 4.5 W

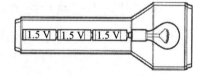

图 7.3.1

3. 把标有"12 V　6 W"的灯泡接入电路中，若通过灯泡的电流是 0.3 A，则灯泡的实际功率（　　）

   A. 等于 6 W　　B. 大于 6 W　　C. 小于 6 W　　D. 无法判定

4. 为了使电热器的功率变为原来的 $\frac{1}{2}$，可采用的办法是（　　）

   A. 把电热器的电阻丝剪去一半后接在原来的电源上

B. 把电热器两端的电压降为原来的一半

C. 把电热器的电阻丝剪去一半，并将其两端的电压降为原来的一半

D. 把电热器的电阻丝剪去一半，并将其两端的电压降为原来的四分之一

5. 如图7.3.2所示，汽车电池对一个电灯的输出电流为2 A，在灯泡两端产生的电压为12 V。这个灯泡消耗的电功率是_____。

6. 将一个额定功率为75 W的灯泡连接到电压为125 V的插座上，流经灯泡的电流为_____。

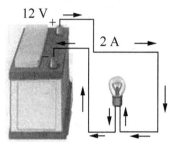

图7.3.2

7. 电热驱蚊器采用了陶瓷电热元件。该元件通过电流后会自动维持在适当温度，使驱蚊药受热挥发。电热驱蚊器的平均功率为5 W，它连续正常工作10 h，消耗多少度（kW·h）电能？

8. 一台电动机的额定电压为$U=220$ V，线圈的电阻为$R=0.8$ Ω。正常工作时，它每秒产生的热量为1 280 J，则正常工作时的电流为多大？电动机的输出功率为多大？

9. 一台标有"220 V 66 W"的电风扇，线圈的电阻为20 Ω，求：

（1）加上220 V电压后，电风扇的电功率、转化为机械能的功率和发热功率。

（2）接上额定电压为220 V的电源后，扇叶被卡住，不能转动，此时电风扇的电功率和发热功率。

第4节 能量转化与能量守恒定律

一、核心素养发展要求

1. 了解不同形式的能量可以相互转化,理解能量守恒定律,并能用其进行简单的应用。

2. 能从能量守恒定律的角度,分析永动机不可能存在的原因;能从能量耗散的角度,分析节约能源的根本原因。

3. 了解能源的发展与节约能源的途径,知道使用能源可能带来的环境污染,增强节约能源的意识,树立可持续发展观念。

二、核心内容理解深化

(一) 能量守恒定律

能量既不会凭空产生,也不会凭空消失,它只能从一种形式转化为另一种形式,或者从一个物体转移到另一个物体,在转化和转移的过程中其总量保持不变。这就是能量守恒定律。这是自然界中具有普遍意义的定律之一,也是各种自然现象都遵循的普遍规律。

电池中的化学能转化为电能,电能又通过灯泡转化为内能和光能,热和光被其他物质吸收之后变成周围环境的内能,我们很难把这些内能收集起来重新利用,这种现象称为能量的耗散。能量的耗散是能源危机的深层次含义,也是节约能源的根本原因。

人类的生存与发展需要能源,能源的开发与利用又会对环境造成影响。能源短缺和使用能源造成的环境恶化关系到人类社会能否持续发展。可持续发展的核心是追求发展与资源、环境的平衡,需要树立新的能源安全观,并转变能源的供需模式。一方面要大力提倡节能,另一方面要发展可再生能源和清洁能源,推动形成人与自然和谐发展的生态文明。

三、学以致用与拓展

例1 什么叫温室效应?试分析温室效应的产生原因与危害。

分析 本题主要考查温室效应的概念、产生原因分析及严重后果。

解 大气中二氧化碳的含量增加导致气温升高的现象叫作温室效应。

通常情况下，地球大气中含有一定量的水蒸气和较少的二氧化碳气体，它们对地球向外散热起了阻拦作用。这种阻拦作用叫作自然温室效应。

自工业革命以来，由于工厂、家庭、汽车大量使用煤、石油、天然气等化石燃料，每时每刻都在向大气排放废气，加上森林被毁，因此大气中二氧化碳的含量明显增加，温室效应不断增强，地球表面的平均气温逐渐升高。气温的升高导致海水的蒸发加快，大气中水蒸气的含量增加，温室效应更为加剧。

由温室效应导致的全球变暖、气候反常、海洋风暴增多、海平面上升、病虫害增加、土地干旱、沙漠面积增多等现象，对人类的生存和发展造成了严重的威胁。

反思与拓展 电冰箱、空调机等制冷机所排放的氯氟烃气体会破坏臭氧层，使臭氧层变薄而出现空洞，会让更多的紫外线到达地球表面，也使温室效应增强。

例2 试分析雾霾的成因与危害，提出治理雾霾的措施。

分析 本题主要考查雾霾的相关知识及防治方法等。

解 雾霾是一种大气污染现象。空气中直径小于或等于 2.5 μm 的颗粒物（$PM_{2.5}$）超过大气循环能力和承载能力时将持续积聚，如果遇上大气层比较稳定、无明显扩散的情况，就会出现雾霾天气。

雾霾天气的罪魁祸首是 $PM_{2.5}$，其来源主要是：煤炭、石油等化石燃料燃烧后的排放物，如二氧化硫、氮氧化物；废弃物燃烧所产生的有毒颗粒；建筑行业所排放的固体颗粒；大气化学反应所产生的固体颗粒等。

$PM_{2.5}$ 能直接进入人体呼吸道和肺泡并黏附在其表面。长期吸入这种有害气体会引发疾病。出现雾霾天气时，大气的能见度降低，从而影响交通运输，导致航班停飞、高速公路关闭、交通事故增加等。

治理雾霾的关键在于控制并降低 $PM_{2.5}$ 的排放量，要严格依照《中华人民共和国大气污染防治法》，防治大气污染，保护和改善环境；要落实节能减排政策，降低能源消耗，提高能源的利用率，通过技术措施减少二氧化硫、氮氧化物和粉烟尘的排放量；加快能源结构的调整，做好煤炭的高效清洁利用，提高燃油品质，促进清洁能源的发展。

反思与拓展 为应对雾霾，我们要尽量绿色出行，减少 $PM_{2.5}$ 的排放；严格遵守规定，不燃放鞭炮；多植树种草，建设绿色家园；养成节约习惯，购买节能家电等。雾霾天气，应减少户外活动，出门戴防护口罩，保持室内空气洁净。

四、学科素养测评

1. 生态文明要求人们注重环保和节能。下列获得电能的方法中，不符合低碳要求的是（　　）

　　A. 火力发电　　　　B. 风力发电　　　　C. 太阳能发电　　　　D. 水力发电

2. 能量既不会_____，也不会_____，它只能从一种形式转化为另一种形式，或者从一个物体转移到另一个物体，在转化和转移的过程中其_____，这就是能量守恒定律。

3. 节约能源的根本原因是_____。

4. 可持续发展的核心是_____。

5. 地球大气上界垂直于太阳光线的单位面积在单位时间内所受到的太阳辐射的总能量，称为太阳常数。观测方法和技术不同，得到的太阳常数值不同。世界气象组织（WMO）1981年公布的太阳常数值是 1 367 W/m²。在穿过大气层的过程中，由于大气对太阳辐射的吸收、反射和散射等作用，太阳辐射到达地面时的辐射强度会大大降低。此外，如果有云层，其阻碍作用会更加明显，因此各地地面接收到的太阳辐射相差较大。如果某地某段时间内到达地面的太阳辐射只有太阳常数的 40%，在该地面处垂直于太阳光线放置一块面积为 1 m² 的太阳能电池板，如果该电池板接收太阳辐射把光能转化为电能的效率为 80%，那么 1 h 内它能产生多少电能？

6. 从个人角度而言，你能为了节约能源做点什么？从社会角度而言，你能为管理部门提出哪些节约能源的建议？

本章综合检测卷

一、判断题

1. 电动势只由电源的性质决定，不受电路中电流、电压变化的影响。（　　）
2. 在闭合电路中，当外电阻增大时，路端电压也增大。（　　）
3. 电功率和电热功率没有区别。（　　）
4. 能源危机和能量守恒定律是矛盾的。（　　）

二、选择题

5. 下列说法正确的是（　　）

A. 电源电动势是由电路中的电流决定的

B. 当电源没有接入电路时，路端电压在数值上等于电源电动势

C. 当电源短路时，路端电压最大

D. 电源电动势越大，电源两极间的电压一定越高

6. 下列关于电功和电功率的说法正确的是（　　）

A. 电流做功越多，电功率越大

B. 电流做功的时间越短，电功率越大

C. 电流做功相同时，所用的时间越长，电功率越大

D. 电流做功相同时，所用的时间越短，电功率越大

7. 关于电功和电热，下列说法错误的是（　　）

A. 电功一定等于电热

B. 电功不一定等于电热

C. 在纯电阻电路中电功一定等于电热

D. 在非纯电阻电路中电功一定大于电热

三、填空题

8. 电源能提供电流，是因为电源把_____的能转化成了_____。

9. 外电路的电阻等于零的情况称为_____。短路时电流 $I=$_____。由于 r 一般_____，故不能用导线将电源的正、负极直接相连，以防烧毁电源，甚至酿成火灾。

10. 多用表是一种多功能、多量程的测量仪表。测量前，应先检查指针是否_____。

11. 电流在一段电路上所做的功等于这段电路两端的_____、电路中的_____和_____三者的乘积。

12. 将电流计改装为大量程的电流表时，可_____（填"串联"或"并联"）一个分流电阻 R。

四、计算题

13. 电源电动势为 1.5 V，内阻为 0.12 Ω，外电路的电阻为 1.38 Ω，求电路中的电流和路端电压。

14. 太阳能电池板是通过吸收太阳光，将太阳能转化成电能的装置。某型号单晶硅太阳能电池板的开路电压为 21.6 V，短路电流为 3 A，求这块电池板的内阻。

15. 一台电阻为 2 Ω 的电动机，加在其两端的电压为 10 V，通过的电流为 0.3 A。问：
(1) 电动机消耗的总功率是多少？
(2) 电动机转变为机械能的功率是多少？

第 8 章　静磁场与磁性材料

第 1 节　磁场　磁感应强度

一、核心素养发展要求

1. 知道磁场是客观存在的物质，以及磁现象在生产生活中的应用，进一步发展物质观念。

2. 知道磁感应强度、磁通量等物理量的意义，会进行简单计算。

3. 会利用磁力线来描述磁场，体会物理模型在探索自然规律中的作用，发展模型建构的意识与能力。

4. 通过实践探究，了解常见磁体周围的磁场分布；知道电流周围存在磁场，强化问题探究与解决能力。

二、核心内容理解深化

（一）磁场与磁力线

与电场一样，磁场是一种看不见但又客观存在的特殊物质，它存在于磁体、通电导线、运动的电荷、地球等的周围。其实，磁场不仅存在于地球上，还散布在宇宙中。在银河系中，磁场能够从一颗恒星延伸到另一颗恒星；而在大型星系团中，磁场甚至能连接不同的星系。

磁场对放入其中的磁体、通电导体、运动的电荷有力的作用。磁体与磁体之间、磁体与通电导体之间，以及通电导体与通电导体之间的相互作用都是通过磁场发生的。

磁力线是为了形象地描述磁场而人为假想的曲线。在磁体外部，磁力线从 N 极发出，进入 S 极；在磁体内部，由 S 极回到 N 极。磁力线的疏密程度表示磁场的强弱，磁力线越密的地方磁场越强。磁场方向与过该点的磁力线的切线方向一致。磁力线闭合但不相交、不相切，也不中断。

（二）磁感应强度

磁感应强度用来表征磁场的强弱。磁感应强度是矢量，通常用 B 表示，单位是特斯拉（T）。某点磁感应强度的方向就是该处的磁场方向。

如图 8.1.1 所示，对于直线电流，右手大拇指指向电流方向，则弯曲的四指所指的方向就是磁力线的环绕方向；对于环形电流和通电螺线管电流，使弯曲的四指与电流方向一致，则大拇指所指的方向就是轴向的磁场方向。

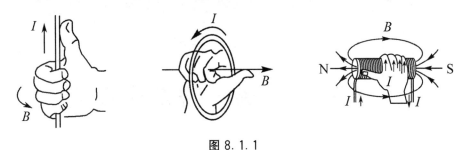

图 8.1.1

三、学以致用与拓展

例1 某同学学习了匀强磁场条件下，平面与磁场方向垂直时的磁通量表达式为 $\Phi = BS$ 后，对公式变形，得到关系式 $B = \dfrac{\Phi}{S}$。于是，他认为磁感应强度与磁通量成正比，与区域面积成反比。你觉得他的想法对吗？为什么？

分析 磁场是由电流引起和激发的，某处的磁感应强度大小应与空间中的电流强度及其与电流之间的距离有关。公式 $B = \dfrac{\Phi}{S}$ 只是一种计算磁感应强度的方法，并不能反映磁感应强度的决定因素。此外，公式 $\Phi = BS$ 或 $B = \dfrac{\Phi}{S}$ 也只对匀强磁场成立，在非匀强磁场中，仅用磁感应强度与面积相乘无法得到磁通量。

解 他的想法是不对的。某处的磁感应强度，与空间中的电流和该点与电流之间的距离有关。关系式 $B = \dfrac{\Phi}{S}$ 只反映了匀强磁场中磁感应强度、磁通量、面积这三者之间的数量关系，可以作为在匀强磁场中计算磁感应强度的方法。

反思与拓展 公式 $B = \dfrac{\Phi}{S}$ 使用比值定义法，给出了一种计算磁感应强度的方法。在之前的学习中，我们也遇到许多类似的情况，如速度计算公式 $v = \dfrac{s}{t}$，表示速度 v 和位移 s、时间 t 存在数量关系，但这并不能说明物体的速度与物体的位移成正比，与时间成反比；密度计算公式 $\rho = \dfrac{m}{V}$，表示密度 ρ 和质量 m、体积 V 存在数量关系，我们也不能认为物体的密度与质量成正比，与体积成反比。

例2 在如图 8.1.2 所示的匀强磁场中，有一面积为 8 m^2 的平面与磁场方向垂直，它所通过的磁通量为 1.2 Wb。你能求出单位面积上的磁通量是多大吗？

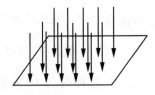

图 8.1.2

分析 已知总磁通量，求单位面积上的磁通量，用总磁通量除以面积即可。

解 总磁通量 $\Phi=1.2$ Wb，面积 $S=8$ m^2，则单位面积上的磁通量 $\Phi'=\dfrac{\Phi}{S}=\dfrac{1.2}{8}$ T$=0.15$ T。

反思与拓展 单位面积上的磁通量就是磁通量密度，简称磁通密度。思考一下，它其实是我们学过的哪个物理量？

四、学科素养测评

1. 下列选项中，会产生磁场的是（　　）

① 磁体；② 地球；③ 静止的电荷；④ 运动的电荷；⑤ 电流；⑥ 两端没有连接任何元件的电池；⑦ 普通铁块；⑧ 任意金属块。

A. ①③④⑤　　　　　　　　　　　B. ①⑤⑦⑧

C. ①②④⑤　　　　　　　　　　　D. ①②⑤⑥

2. 电场线和磁力线分别是人们为了形象地描述电场和磁场而建立的模型。关于电场线和磁力线，下列说法正确的是（　　）

A. 电场线和磁力线都是电场或磁场中实际存在的线

B. 磁场中两条磁力线一定不相交，但在复杂电场中的电场线是可以相交的

C. 电场线不是闭合曲线，而磁力线是闭合曲线

D. 电场线越疏的地方，电场越强；磁力线越密的地方，磁场越强

3. 已知某匀强磁场的磁感应强度的方向与一正方形所在平面相互垂直。磁感应强度的大小 $B=0.2$ T，正方形面积 $S=0.01$ m^2，则通过该正方形的磁通量为（　　）

A. 0.002 T　　　B. 0.05 T　　　C. 0.5 T　　　D. 20 T

4. 匀强磁场是指磁感应强度大小_____、方向_____的磁场，其磁力线的特点是_____。

5. 通电直导线附近的小磁针如图 8.1.3 所示，请在图中标出导线中的电流方向。

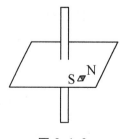

图 8.1.3

6. 甲、乙两位同学各自在铁棒上缠绕一些导线圈制成电磁铁。通电时，电流都是从右端流入，从左端流出，但甲同学制成的电磁铁，左端是 N 极，右端是 S 极；而乙同学制成的电磁铁，左端是 S 极，右端是 N 极。他们是怎样绕导线的？请画简图表示。

第 2 节　磁场对电流的作用　安培力

一、核心素养发展要求

1. 了解安培力的概念，能利用安培定则判断安培力的方向。

2. 通过实验，了解通电直导线与磁场垂直时所受安培力的大小与哪些因素有关，会用安培力公式解决简单问题。

二、核心内容理解深化

（一）安培力

通电直导线在磁场中会受到磁场的作用力，磁场对通电直导线的作用力称为安培力。

对于一段通电直导线，安培力的方向由磁场方向和电流方向共同决定，我们可以用左手定则来判断所受安培力的方向。磁场方向、通电直导线、安培力方向两两相互垂直。

（二）安培力的计算

在匀强磁场中，当通电直导线与磁场方向垂直时，安培力 F 最大，其大小与磁感应强度 B、电流 I 和垂直于磁场方向的导线长度 L 成正比，即

$$F=BIL$$

当通电直导线与磁场方向平行时，导线受到的安培力为 0。一般情况下，当通电直导线与磁场方向的夹角为 θ 时，其所受安培力的大小为

$$F = BIL\sin\theta$$

三、学以致用与拓展

例1 下列选项中，通电导线所受安培力方向正确的是（ ）

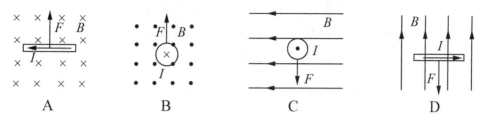

分析 判断安培力的方向使用左手定则：(1) 让磁力线穿过手掌心，此时不用考虑四指方向；(2) 掌心方向不变，转动四指，让四指指向电流方向；(3) 大拇指的指向即为安培力的方向。本题 A 选项受力垂直于导线向下，B 选项不受力，C 选项正确，D 选项受力垂直于纸面向外，故选 C。

答案 C

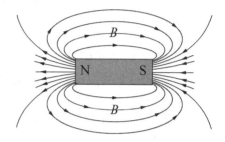

图 8.2.1 条形磁铁周围的磁场

反思与拓展 判断安培力方向必备的两个条件是磁场方向和电流方向。如果磁场并不是给定的匀强磁场，而是由一块条形磁铁产生的（图 8.2.1），你还能判断安培力的方向吗？

例2 如图 8.2.2 所示，圆形匀强磁场的磁感应强度为 B，在此区域中有一根弯折成直角的金属棒 abc，ab 长为 L_2，bc 长为 L_1，全部处于磁场中并垂直于磁场，当通以电流 I 时，整根棒所受安培力的合力为多大？朝向什么方向？

分析 可以先分别计算两段金属棒所受到的安培力，然后进行力的合成，得到总安培力。

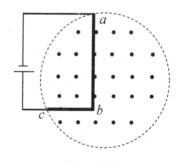

图 8.2.2

解 分别分析两段金属棒所受到的安培力。bc 段受到竖直向下的安培力，大小为 $F_{bc}=BIL=BIL_1$；ab 段受到水平向右的安培力，大小为 $F_{ab}=BIL=BIL_2$。再进行力的合成，得到总安培力为 $F_合=\sqrt{(BIL_1)^2+(BIL_2)^2}=BI\sqrt{L_1^2+L_2^2}$。

反思与拓展 我们还可以用另一种方法进行计算：连接 a、c，其长度为 $\sqrt{L_1^2+L_2^2}$，直角金属棒受到的合力为 $F_合=BI\sqrt{L_1^2+L_2^2}$。两种方法得到的结果一致。我们通常称这里的 ac 为直角金属棒的有效长度，你能归纳出有效长度的确定方法吗？

四、学科素养测评

1. 关于匀强磁场中的通电导线所受的安培力，下列说法正确的是（ ）

A. 凡是通电导线，在磁场中均受到安培力

B. 只有垂直于磁感应强度方向放置的通电导线才受安培力

C. 安培力既与磁感应强度方向垂直，又与通电导线垂直

D. 安培力有时不与磁感应强度方向垂直

2. 如图 8.2.3 所示，水平金属棒长为 L，两端放在支座 a、b 上，a、b 分别与电源正负两极接通。在金属棒的中间位置有一垂直纸面向里的匀强磁场，磁感应强度为 B，宽度为 d。接通电源后通过金属棒的电流为 I，此时金属棒对支座的总压力将比不通电时（　　）

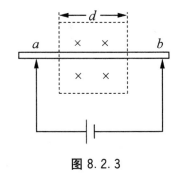

图 8.2.3

A. 增大 BLI B. 增大 BdI

C. 减小 BLI D. 减小 BdI

3. 如图 8.2.4 所示，一个半径为 r 的圆形导线框放置在竖直向下的匀强磁场中，磁感应强度大小为 B，线框中电流大小为 I，方向为顺时针方向，导线受到的安培力大小为（　　）

A. $2\pi r BI$ B. $\pi r^2 BI$

C. $2rBI$ D. 0

4. 一根长 2 m 的直导线，通有 1 A 的电流，把它放在 $B=0.2$ T 的匀强磁场中，并与磁场方向垂直，导线所受的安培力为_____。

5. 用来判断与磁场垂直的通电导线所受作用力的方向的法则叫_____。为了应用这一法则，需已知_____、_____。

6. 一个矩形线框垂直放置在如图 8.2.5 所示的匀强磁场中，线框中通有逆时针方向、大小为 I 的电流。磁场的磁感应强度大小为 B，方向垂直于纸面向外且与线框边缘垂直。已知该线框只有下半部分位于磁场中，ab 段的长度为 10 cm，线框的上半部分不在磁场中。整个线框被一根细绳挂起，处于平衡状态（忽略绳和线框的重量）。经测量，当导线框中电流大小为 0.245 A 时，绳中的张力大小为 3.48×10^{-2} N。试计算此时磁感应强度的大小 B。

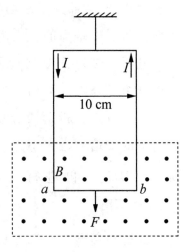

图 8.2.5

7. 一根电阻可忽略的铜导线位于两个磁极间隙的中央部位，如图 8.2.6 所示。磁场局限在该间隙中，磁感应强度大小为 1.9 T。求：

（1）开关断开时，铜导线所受安培力的方向和大小；

（2）开关闭合时，铜导线所受安培力的方向和大小；

（3）闭合开关，并使电池反接，此时铜导线所受安培力的方向和大小；

（4）闭合开关，并用一根电阻为 5.5 Ω 的导线取代之前的铜导线，此时导线所受安培力的方向和大小。

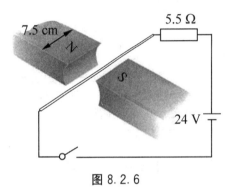

图 8.2.6

第 3 节　磁场对运动电荷的作用　洛伦兹力

一、核心素养发展要求

1. 了解洛伦兹力的概念，能利用左手定则判断洛伦兹力的方向。
2. 了解洛伦兹力公式，以及洛伦兹力在生产、生活中的应用。

二、核心内容理解深化

（一）洛伦兹力

磁场中的运动电荷会受到洛伦兹力的作用，在匀强磁场中，以大小固定的速度运动的电荷的速度方向与磁场方向垂直时，其所受洛伦兹力最大，为 $F=qvB$；当电荷运动方向与磁场方向平行时，电荷所受洛伦兹力为 0；一般情况下，洛伦兹力的大小在 $0\sim qvB$ 之间。洛伦兹力的方向用左手定则来判定，与磁场方向、电荷运动方向都垂直。负电荷所受洛伦兹力的方向与正电荷相反。

（二）洛伦兹力与电场力的比较

洛伦兹力与电场力的比较见表 8.3.1。

表 8.3.1　洛伦兹力与电场力的比较

力的类型	电场力	洛伦兹力
作用对象	静止或运动电荷	运动电荷
力的大小	$F_电=qE$，与电荷运动速度无关	$F_洛=qvB$，与电荷运动速度有关
力的方向	与电场强度方向平行。正电荷受到的电场力方向与电场强度方向相同；负电荷受到的电场力方向与电场强度方向相反	与速度方向、磁场方向垂直，根据左手定则判断方向
作用效果	可改变运动电荷速度的大小、方向，可对运动电荷做功，改变带电粒子的动能	只改变运动电荷的速度的方向，不改变速度的大小，不对运动电荷做功，故带电粒子的动能不变
垂直进入匀强电场或磁场中	做抛物线运动；运动电荷速度的大小、方向都改变	做匀速圆周运动；运动电荷速度的大小不变，方向改变

三、学以致用与拓展

例 1　有人说"只要速度大小相同，所有运动电荷在同一匀强磁场中所受的洛伦兹力大小均相等"，这种说法是否正确？为什么？

分析　洛伦兹力大小的影响因素很多，电荷量、磁感应强度、电荷运动速度大小、电荷的运动方向与磁场方面的夹角都会对其产生影响。

解　该说法不正确。在同一匀强磁场中，洛伦兹力的大小除了与电荷运动速度的大小有关外，还与电荷量及电荷的运动方向有关。故不能仅根据速度大小以及磁感应强度相同得出洛伦兹力相等的结论。

反思与拓展　假设电荷运动的速度大小不变，当电荷运动方向与磁场方向的夹角为 θ 时，洛伦兹力 $F=qvB\sin\theta$，当 θ 为 0 时，电荷运动方向与磁场方向平行，此时电荷不受洛伦兹力；当 θ 为 90° 时，电荷运动方向与磁场方向垂直，此时电荷所受的洛伦兹力最大，为 qvB。

例 2　如图 8.3.1 所示，两平行板间的匀强电场和匀强磁场相互垂直，匀强磁场的磁感应强度为 B，某带正电的粒子以速度 v 垂直地射入平行板间，该带电粒子的电荷量为 q，若要使带电粒子能沿直线穿过平行板，试确定磁场的方向与电场强度的

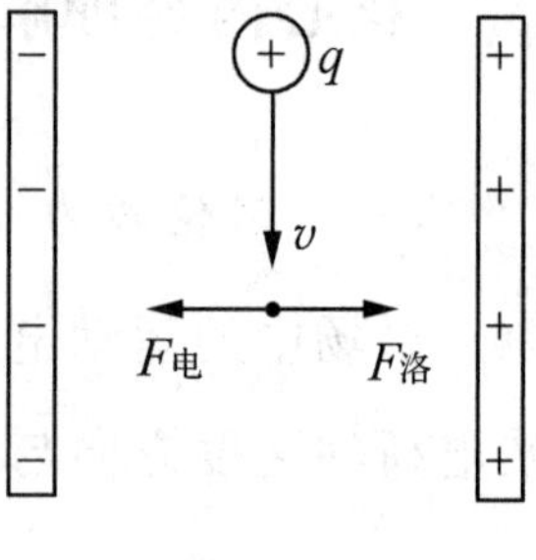

图 8.3.1

大小。

分析 带电粒子为正电荷，因此它所受电场力的方向与电场强度的方向相同，即水平向左。要使带电粒子能够沿直线穿过平行板，则必须使之受力平衡，由此可推断出洛伦兹力的方向为水平向右。根据洛伦兹力的方向以及粒子的运动方向运用左手定则即可确定磁场的方向。再根据水平方向上力的平衡条件，列出等式即可求得电场强度的大小。

解 由题意可得，带电粒子所受电场力的方向水平向左，要使之沿直线穿过平行板，则它所受的洛伦兹力水平向右。根据左手定则，使四指指向下，拇指指向右，则磁场方向垂直于纸面向里。

根据力的平衡条件，有

$$F_{电} = F_{洛}$$

即

$$Eq = Bqv$$

解得电场强度的大小为

$$E = Bv$$

反思与拓展 由以上分析可知，相互垂直的匀强电场和匀强磁场起着速度选择器的作用，对于进入该区域的速度方向与两正交场垂直的带电粒子，只有速度 $v = \dfrac{E}{B}$ 的粒子才能沿直线通过该区域。

四、学科素养测评

1. 带电粒子垂直匀强磁场方向运动时，会受到洛伦兹力的作用，则（   ）
   A. 洛伦兹力对带电粒子做功
   B. 洛伦兹力不改变带电粒子的动能
   C. 洛伦兹力的大小与速度无关
   D. 洛伦兹力不改变带电粒子的速度方向

2. 下列选项中，有关洛伦兹力的方向判断正确的是（   ）

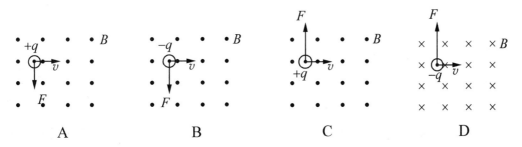

3. 下列关于磁感应强度 B、正电荷的速度 v 和磁场对电荷的作用力 F 三者方向的相互关系图（其中 B 垂直于由 F 与 v 确定的平面，B、F、v 两两垂直）正确的是（   ）

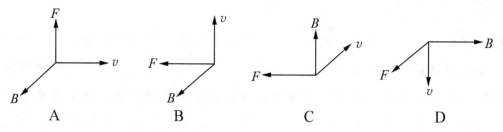

4. 如图 8.3.2 所示，一个电荷量为 $+q$ 的带电体处于垂直于纸面向里的匀强磁场 B 中，带电体的质量为 m。为了使它对水平的绝缘面恰好没有正压力，则应该（　　）

A. 将磁感应强度 B 的值增大

B. 使磁场以速率 $v=\dfrac{mg}{qB}$ 向上运动

C. 使磁场以速率 $v=\dfrac{mg}{qB}$ 向右运动

D. 使磁场以速率 $v=\dfrac{mg}{qB}$ 向左运动

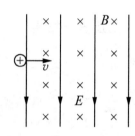

图 8.3.2

5. 一个带正电的微粒（重力不计）穿过如图 8.3.3 所示的匀强磁场和匀强电场区域时，恰能沿直线运动，则欲使电荷向下偏转，应采用的办法是（　　）

A. 增大电荷的质量

B. 增大电荷的电荷量

C. 减小电荷的入射速度

D. 增大磁感应强度

图 8.3.3

6. 一速度为 4×10^5 m/s、电荷量为 $-2e$ 的粒子竖直向下飞入大小为 2×10^{-4} T、方向垂直于纸面向里的匀强磁场中，则粒子受到的洛伦兹力大小是多少？粒子将向哪个方向偏转？

7. 如图 8.3.4 所示，A 区域是带电粒子的速度选择区，$B_1=0.6$ T，$E=1.2\times10^5$ N/C；C 区域是偏转磁场。相关方向均已在图中标出。若带电粒子的电荷量 $q=1.6\times10^{-19}$ C，质量 $m=1.6\times10^{-2}$ kg，重力忽略不计，求：

（1）通过速度选择区的带电粒子的速度 v；

（2）带电粒子在 C 区域中匀速转动一周，洛伦兹力所做的功。

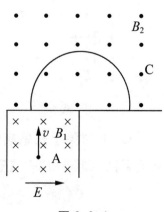

图 8.3.4

8. 质量为 m、电荷量为 q 的微粒，以速度 v 与水平方向成 $45°$ 角进入匀强磁场和匀强电场共同存在的空间。如图 8.3.5 所示，微粒在电场、磁场、重力场的共同作用下做匀速直线运动。求：

（1）电场强度的大小，以及该粒子带何种电荷；

（2）磁感应强度的大小。

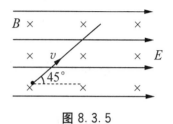

图 8.3.5

9. 有一种测量血管中血流速度的仪器，其原理如图 8.3.6 所示，在动脉血管两侧分别安装电极并加上磁场，设血管直径为 2 mm，磁场的磁感应强度为 0.08 T，电压表测出的电压为 0.10 mV，则血流速度的大小为多少？

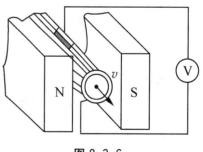

图 8.3.6

第4节 磁介质 磁性材料

一、核心素养发展要求

1. 了解磁介质的特性以及它们在电动机、发电机、变压器、磁存储等领域的应用。
2. 了解磁性材料作为一种特殊的磁介质的特点,以及在生产、生活中的应用。

二、核心内容理解深化

(一)磁介质

能够在磁场作用下内部状态发生变化,并反过来影响磁场存在或分布的物质,称为磁介质。磁介质在磁场作用下内部状态的变化叫作磁化。

磁介质置于外部磁场中,外部磁场会对其产生磁化作用,使之产生一个新的磁感应强度。这个新的磁感应强度和原来的相比可能更强,也可能更弱,这是由磁介质的内在属性决定的。我们把磁介质中的磁感应强度 B 与原磁场强度 B_0 的比值叫作该磁介质的相对磁导率 μ_r,即 $\mu_r = \dfrac{B}{B_0}$。真空中的磁导率 μ_0 是一个常量,其值等于 $4\pi \times 10^{-7}$ N/A^2。

按照磁化机制的不同,磁介质可分为顺磁质、抗磁质、铁磁质、反铁磁质和亚铁磁质五大类。其中,顺磁质的相对磁导率 $\mu_r > 1$,铁磁质的相对磁导率 $\mu_r \gg 1$,抗磁质的相对磁导率 $\mu_r < 1$。

三、学以致用与拓展

例1 有人说"相对磁导率大于1的磁介质一定是铁磁质",这种说法对吗?为什么?

分析 根据磁化机制的不同,磁介质可以分为顺磁质、抗磁质、铁磁质等五种类型,如果某磁介质置于外部磁场中,其产生的磁感应强度大于外部磁场的磁感应强度,则其相对磁导率大于1。

解 该说法不正确。顺磁质在无外部磁场时,由于热运动而使分子磁矩趋向于无规则分布,宏观上不显示磁性,在外部磁场作用下,其分子磁矩趋向于与外部磁场方向一致的排布,自身产生的磁感应强度比原磁场强度略大;铁磁质中的分子或原子中各电子存在自旋,将其放入外部磁场后,其产生的附加磁场远大于原有磁场强度。因此,顺磁质和铁磁质的相对磁导率都大于1，故该说法错误。

反思与拓展 在常温下仅有4种金属元素是铁磁质，即铁、钴、镍、钆。当温度高于某值时，铁磁质的铁磁性消失，成为顺磁质，这一临界温度称为居里温度（或居里点）。

例2 如图8.4.1所示是一种利用电磁原理制作的充气泵的结构示意图。当电磁铁通入电流时，可吸引或排斥上部的小磁体，从而带动弹性金属片对橡皮碗下面的气室施加力的作用，达到充气的目的。

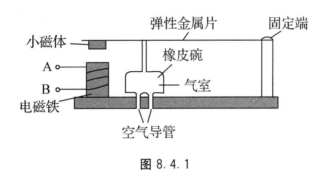

图 8.4.1

请回答以下问题：

（1）当电流从电磁铁的接线柱 A 流入时，发现吸引小磁体向下运动，则电磁铁的上端为_____极，小磁体的下端为_____极。

（2）你认为这种充气泵采用直流电流（简称直流）好，还是交变电流（简称交流）好？为什么？

（3）电磁铁用的铁芯可分为硬磁性材料和软磁性材料。硬磁性材料在磁场撤去后还会有很强的磁性，而软磁性材料在磁场撤去后就没有明显的磁性了。你认为这种铁芯应该用哪种材料制作？

分析 第（1）问中，已知线圈中的电流方向和小磁体的运动方向，要判断电磁铁上端和小磁体下端的极性。首先运用安培定则即可确定电磁铁上端的极性，再根据"同名磁极相互排斥、异名磁极相互吸引"，即可确定小磁体下端的极性。

第（2）问中，根据题意可知，这种充气泵要能够实现通过小磁体的上下运动，带动金属片对下面的气室施加力的作用，从而达到充气的目的。那么要想让小磁体能够上下往复运动，则需要通过电流的不断变化进而引起磁场的变化来实现。根据直流电流和交变电流各自的特点，即可确定采用哪种供电方式更好。

第（3）问中，结合软、硬磁性材料各自的特点，以及要实现让小磁体不断被吸引和排斥这一目的，即可确定电磁铁的铁芯最适合使用的材料。

解 （1）当电流从电磁铁的接线柱 A 流入时，根据安培定则，让右手四指指向电流方向，则拇指指向电磁铁下端。因此，电磁铁下端为 N 极，上端为 S 极。又因为此时小磁体被吸引，向下运动，所以小磁体的下端为 N 极。

（2）要想通过小磁体的上下运动，从而带动金属片对下面的气室施加力的作用，达到充气的目的，则需要通过电流的不断变化进而引起磁场的变化来实现。因为交变电流的大小和方向都是不断变化的，而直流电流处于恒定状态，其大小、方向都不会改变，因此显然用交变电流更好。

（3）为了让小磁体不断被吸引和排斥，则制成铁芯的材料对磁场的响应度需较高，能够快速地实现磁化和退磁，而软磁性材料正好具备这一特征，硬磁性材料不具备。因此铁芯最适合使用的材料是软磁性材料。

反思与拓展 电流能够产生磁场。电流与磁场之间的关系是通过电场和电荷的有序排列以及受控的传递方式来建立的。电流中的电子并不是自由、无序地流动，而是按照固定的规律进行排布和传递电荷，建立电场，最终使整根导线带电。通过交变电流的变化，电场会反复改变方向，从而产生磁场。

想一想，软磁性材料和硬磁性材料各适用于哪些场合。

四、学科素养测评

1. 磁介质包括顺磁质、抗磁质、铁磁质等，用相对磁导率 μ_r 表示它们各自的特性时分别有（   ）

   A. 顺磁质 $\mu_r > 0$，抗磁质 $\mu_r < 0$，铁磁质 $\mu_r \gg 1$
   B. 顺磁质 $\mu_r > 1$，抗磁质 $\mu_r = 1$，铁磁质 $\mu_r \gg 1$
   C. 顺磁质 $\mu_r > 1$，抗磁质 $\mu_r < 1$，铁磁质 $\mu_r \gg 1$
   D. 顺磁质 $\mu_r > 0$，抗磁质 $\mu_r < 0$，铁磁质 $\mu_r > 1$

2. 顺磁质的磁导率（   ）

   A. 比真空的磁导率略小
   B. 比真空的磁导率略大
   C. 远小于真空的磁导率
   D. 远大于真空的磁导率

3. 如图 8.4.2 所示的三条线，分别表示三种不同磁介质的 B-H 关系图像（B 为磁介质所产生的磁感应强度，H 为原有磁场强度），则（   ）

   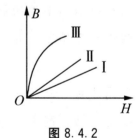

   图 8.4.2

   A. Ⅰ是抗磁质，Ⅱ是顺磁质，Ⅲ是铁磁质
   B. Ⅰ是顺磁质，Ⅱ是抗磁质，Ⅲ是铁磁质
   C. Ⅰ是铁磁质，Ⅱ是顺磁质，Ⅲ是顺磁质
   D. Ⅰ是抗磁质，Ⅱ是铁磁质，Ⅲ是顺磁质

4. 纳米磁性材料采用磁性颗粒作为记录介质，具有记录密度大、矫顽力高、记录质量好等特点。下列器件可用纳米磁性材料制成的是（   ）

   A. 洗衣机内壁
   B. 耐腐蚀容器
   C. 计算机存储器
   D. 高性能防弹背心

5. 许多自动控制电路中都安装有电磁铁。对于电磁铁，下列说法正确的是（   ）

   A. 电磁铁的铁芯，可以用铜棒代替

B. 电磁继电器中的磁体，可以使用永磁铁

C. 电磁铁磁性的强弱只与电流的大小有关

D. 电磁铁是根据电流的磁效应制成的

6. 利用如图 8.4.3 所示的实验装置探究"电磁铁磁性强弱的特点"，弹簧下挂着一个铁块，则下列说法错误的是（ ）

A. 闭合开关，弹簧将会变长；断开开关，弹簧将恢复原状

B. 闭合开关，电磁铁的上端为 N 极

C. 闭合开关，向右移动滑动变阻器的滑片，电流表的示数会减小，弹簧会变长

D. 保持滑动变阻器的滑片位置不变，取出铁芯后再闭合开关，弹簧的长度会比有铁芯时短

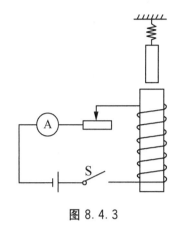

图 8.4.3

7. 金、银、铜、铁都是金属，为什么磁铁只会对铁产生吸引力？

8. 有两根铁棒，其外形完全相同，其中一根是磁铁，另一根不是磁铁，你怎样由磁铁与铁之间的相互作用来区分它们呢？

本章综合检测卷

一、选择题

1. 地球可以视作一个巨大的磁体,其自身的南、北极分别称为"地磁南极"和"地磁北极"。我们日常生活中常说的南、北极则是根据小磁针的指向而人为定义的"地理南极"和"地理北极"。地磁极的轴与地理极的轴并不重合,它们所成的夹角称为"地磁偏角"。宋代科学家沈括在《梦溪笔谈》中最早记载了

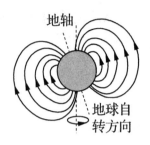

第 1 题图

地磁偏角:"以磁石磨针锋,则能指南,然常微偏东,不全南也。"进一步研究表明,地球周围地磁场的磁力线分布如图所示。结合上述材料,下列说法不正确的是(   )

    A. 地理南、北极与地磁场的北、南极不重合

    B. 地球内部也存在磁场,地磁南极在地理北极附近

    C. 地球表面任意位置的地磁场方向都与地面平行

    D. 在赤道上小磁针的 N 极在静止时指向地理北极附近

2. P、Q 和 R 是三条平行长直导线,如图所示。已知通过它们的电流大小相等且 P 和 R 的电流方向垂直于纸面向外,Q 的电流方向垂直于纸面向内,Q 位于 P 和 R 的正中间。已知通电导线在周围某点产生的磁感应强度,与该点到导线的距离成反比。若 P 对 R 的每单位长度的安培力大小为 F,则 P 和 Q 对 R 每单位长度的安培力的合力大小和方向分别为(   )

第 2 题图

    A. F,向左   B. F,向右   C. $3F$,向左   D. $3F$,向右

3. 如图所示,一电子进入与纸面平行的匀强电场,飞出后又进入与纸面垂直的匀强磁场,则它的运动轨迹一定是(   )

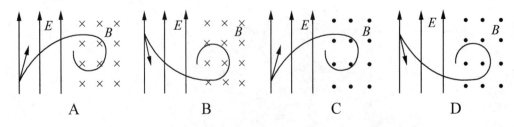

4. 有 a、b、c 三个带正电的粒子,其质量之比 $m_a : m_b : m_c = 1 : 2 : 3$,它们所带的电荷量相同,以相同的初动能垂直射入同一匀强磁场时,都在磁场中做匀速圆周运动,

则（　　）

A. 轨道半径最大的是 a　　B. 轨道半径最大的是 c

C. 运动周期最小的是 c　　D. 运动周期最大的是 a

5. 如图甲所示，线圈套在长玻璃管上，线圈的两端与电流传感器（可看作理想电流表）相连。将强磁体从长玻璃管上端由静止释放，强磁体下落过程中将穿过线圈，并不与玻璃管摩擦。实验观察到如图乙所示的感应电流随时间变化的图像。已知从上往下看，线圈中顺时针方向为电流的正方向，则下列判断正确的是（　　）

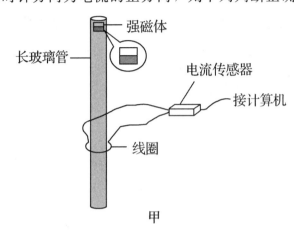
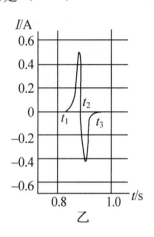

第 5 题图

A. 本次实验中朝下的磁极是 N 极

B. t_1~t_2 与 t_2~t_3 两段时间内图像与坐标轴围成的面积相等

C. 若将线圈的匝数加倍，则线圈中产生的电流峰值也将加倍

D. 若只增加磁体释放的高度，则感应电流的峰值将不变

二、填空题

6. 边长为 10 cm 的正方形线框，垂直于匀强磁场放置，磁感应强度 B 为 0.2 T，如图所示，此时穿过该线框的磁通量为 _____；若将此线框以 ab 边为轴转过 60°，则穿过该线框的磁通量为 _____；若将此线框以 ab 边为轴从原位置转过 90°，则穿过该线框的磁通量为 _____。

第 6 题图

7. 如图所示，长为 10 cm 的导线 ab 通有 3 A 的电流，电流方向从 a 到 b，将导线 ab 沿垂直磁力线方向放在一匀强磁场中，测得 ab 所受的安培力为 0.15 N，则该区域的磁感应强度为 _____，磁场对导线 ab 的作用力的方向为 _____。如果导线 ab 中的电流为零，那么该区域的磁感应强度为 _____。

第 7 题图

8. 在赤道上，地磁场可看成指向北方的匀强磁场，磁感应强度的大小为 0.50×10^{-4} T。如果赤道上有一根沿东西方向的直导线，长度为 20 m，载有从东向西的电流，大小为 30 A，那么地磁场对这根导线的作用力

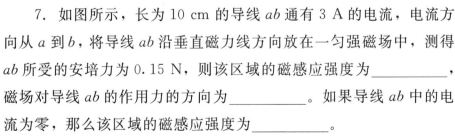

为_____，方向为_____。

9. 两个电子分别以速度 $2v$ 和 v 在匀强磁场中做匀速圆周运动，则它们运动的轨道半径之比为_____，运动周期之比为_____。

三、计算与简答题

10. 将通电螺线管接通电源，如图所示，请画出图中 A、B、C、D、F 各点小磁针静止时 N 极的指向。

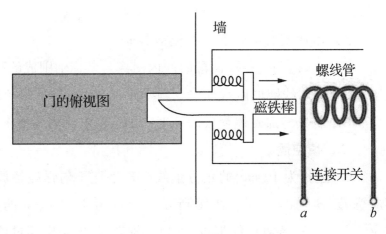

第 10 题图

11. 如图所示是一款电磁门锁的俯视图。门在关闭时被一根磁铁棒锁住。当保安同意某人进门时，他按下手中的遥控开关，螺线管就会通过电流，门也就会随之解锁。观察门锁结构并回答以下问题。

（1）门锁结构中的弹簧起到什么作用？在门关闭时，弹簧处于拉伸状态还是压缩状态？

（2）解释这种电磁门锁的工作原理，并分析为什么使用通电螺线管而不是条形磁铁。

（3）如果 a 端连接电源正极，b 端连接电源负极，那么磁铁棒靠近螺线管的一端应该是 N 极还是 S 极？

第 11 题图

12. 一水平直导线载有自西向东的电流 16 A，位于地磁场中某处，该处磁场与地球表面平行且指向北方，大小为 $B=0.04$ mT。

(1) 求 1 m 长的导线上所受的安培力。

(2) 如果 1 m 长的导线的质量为 50 g，为使安培力能支撑住导线（安培力与重力平衡），需要通以多大的电流？

13. 一根长 5 cm 的载流金属棒放在 4 mT 的匀强磁场内，金属棒与磁场形成 30°夹角并受到一个垂直于纸面向内的安培力作用。

(1) 通过金属棒的电流方向为哪个方向？

(2) 如果作用于金属棒的安培力大小为 $1×10^{-3}$ N，求通过金属棒的电流大小。

(3) 如果金属棒在纸张平面上沿顺时针方向转动 90°，作用于金属棒的安培力大小和方向会如何改变？

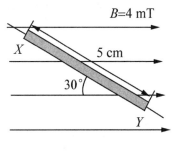

第 13 题图

14. 大约每过 11 年，太阳黑子就会大爆发，对地面的无线电通信造成很大干扰，这是因为黑子有很强的磁场。现测得黑子磁场的磁感应强度为 0.4 T，若有一个电子以 $5.0×10^5$ m/s 的速度垂直进入这个磁场（假定这个磁场为匀强磁场），求它受到的洛伦兹力的大小和回旋半径（已知电子质量 $m=9.1×10^{-31}$ kg）。

15. 某同学用如图所示的装置进行实验，估测两块磁体间的磁感应强度。在电子秤上放置一个钢制导轨，导轨两侧各附有长 7 cm 的磁体 P 和 Q。一根导线悬挂在两块磁体之间，其中 XY 段长 5 cm。当大小不同的电流从 X 流向 Y 时，电子秤便得出不同的读数，见表 1。现假设 P、Q 间是匀强磁场且钢轨对该磁场的影响可忽略不计，取 $g=10$ N/kg。

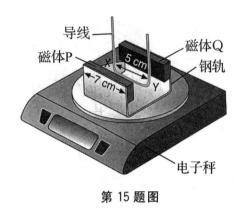

第 15 题图

表 1　通过不同电流时的电子秤读数

电流/A	电子秤读数/g
0	145.0
0.5	145.4
1.0	145.8
1.5	146.1
2.0	146.5

（1）当电流通过导线时，作用于导线的安培力指向哪个方向？

（2）判断磁体 P 朝向磁体 Q 的那面是 S 极还是 N 极。

（3）根据表 1 中的数据，估算磁体之间的磁感应强度大小。

第 9 章 电磁感应与电磁波

第 1 节 电磁感应现象

一、核心素养发展要求

1. 了解电磁感应现象，能用楞次定律判断感应电流的方向。

2. 了解电磁感应现象的发现过程，体会从"电生磁"到"磁生电"过程中逆向思维的重要性。

二、核心内容理解深化

（一）楞次定律

楞次定律指出，感应电流的方向总是阻碍引起感应电流的磁通量的变化，而这种阻碍作用是把其他形式的能量转化为感应电流所在回路中的电能，之后电能又转化为内能，这一转化过程符合能量守恒定律。

在应用楞次定律解决相关问题时，首先要确定所要研究的闭合回路，其次确定穿过闭合回路的原磁场的方向，再根据楞次定律判断感应电流所产生的感应磁场的方向，最后利用安培定则确定闭合回路中感应电流的方向。

三、学以致用与拓展

例 1 如图 9.1.1 所示，矩形金属导线框以一定的速度进入匀强磁场，经过磁场后又向右离开匀强磁场，试分析金属导线框中感应电流的方向。

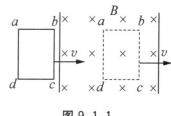

图 9.1.1

分析 线框进入磁场和离开磁场时，内部的磁通量均发生变化。首先要判断磁通量的变化方向和变化量，再根据楞次定律来确定感应电流产生的磁场，最后用安培定则确定感应电流的方向。

解 （1）开始时线框处在磁场外，磁场始终为零，线框内无感应电流。

(2) 从线框开始进入磁场后直到完全进入磁场这一阶段，线框的磁感应强度方向为垂直纸面向里，磁通量逐渐增加，线框内产生感应电流。根据楞次定律，感应电流产生的磁场应阻碍原磁通量的增加，即与原磁场方向相反，利用安培定则确定感应电流的方向为 $a \to d \to c \to b \to a$。

(3) 当线框全部进入磁场向右运动时，线框中虽有磁通量穿过，但磁通量始终保持不变，因此线框中的感应电流为零。

(4) 当线框离开磁场时，由于穿过线框的磁通量逐渐减少，根据楞次定律可知，感应电流的磁场方向应与原磁场方向相同，即垂直纸面向里，利用安培定则确定感应电流的方向为 $a \to b \to c \to d \to a$。

(5) 当线框完全脱离磁场后继续向右运动时，穿过线框的磁通量始终为零，感应电流为零。

反思与拓展 图 9.1.1 所示的磁场范围较大，线框进入磁场后运动，有一段时间穿过线框的磁通量是不变的，这时线框中没有感应电流。如果磁场范围较小，比如正好和线框的大小一样，或者比线框还小，情况就会变得复杂些。你可以尝试分析一下。

例 2 如图 9.1.2 所示，静止的导体 ab 和 cd 都可以在处于匀强磁场中的金属导轨上无摩擦地滑动，当 ab 在外力 F 的作用下向左运动时，导体 cd 向_____移动，磁场对 ab 的作用力方向向_____，磁场对 cd 的作用力方向向_____。

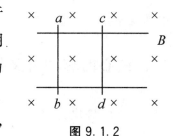

图 9.1.2

分析 ab 运动时，$abdc$ 形成的闭合电路会有感应电流产生，感应电流的方向可以用两种方法来判断：一是楞次定律，二是右手定则。两者的结果应是一致的。而感应电流分别流过 ab、cd 时，根据安培定则，这时 ab、cd 作为通电导体又会分别受到磁场对它们的安培力，所以可以用左手定则判断它们所受安培力的方向。

解 方法一 ab 在外力 F 的作用下向左运动时，做切割磁力线运动，根据右手定则可判定出 ab 中感应电流的方向为 $a \to b$，由于 ab、cd 与金属导轨构成闭合电路，cd 中的电流方向为 $d \to c$，由左手定则可判定，cd 在磁场中受到的安培力向左，所以 cd 向左移动，而 ab 受到的安培力向右。

方法二 当 ab 在外力 F 的作用下向左运动时，由 ab、cd 与金属导轨构成的闭合电路的面积增大，穿过该电路的磁通量增加，根据楞次定律可知，为阻碍磁通量的增加，cd 必定跟着 ab 向左运动，ab 所受安培力应阻碍 ab 的运动，故向右。

反思与拓展

方法二的解题思路比较清晰，其中蕴含的物理原理正是楞次定律的"精髓"，即在外界改变穿过电路的磁通量时，电路中产生电磁感应的结果是"反抗"这种改变，也可以看作电路的"惰性"或者"惯性"。

四、学科素养测评

1. 要想在一个闭合回路中产生较大的感应电流，可以采用的方法是（　　）

   A. 让穿过闭合回路的磁通量变大　　B. 让穿过闭合回路的磁场一直很强

   C. 让穿过闭合回路的磁通量变化快　　D. 让穿过闭合回路的磁通量变化大

2. 如图 9.1.3 所示，在一长直导线中通有电流 I，线框 $abcd$ 在纸面内向右移动，则线框内（　　）

   A. 没有感应电流

   B. 产生感应电流，方向为 $a \to b \to c \to d \to a$

   C. 产生感应电流，方向为 $a \to d \to c \to b \to a$

   D. 不能确定

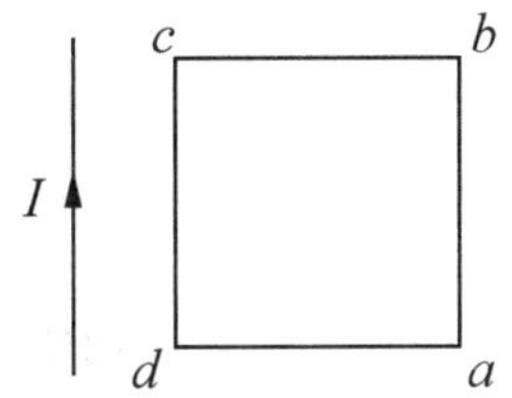

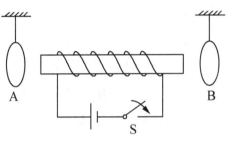

图 9.1.3

3. 如图 9.1.4 所示，A、B 是两个用细线悬挂着的闭合铝环，在合上开关的瞬间（　　）

   A. A 环向右运动，B 环向左运动

   B. A 环向左运动，B 环向右运动

   C. A、B 环都向右运动

   D. 以上说法都不对

图 9.1.4

4. 在图 9.1.5 所示的两种情况下，请标出线圈和导线中的感应电流方向。

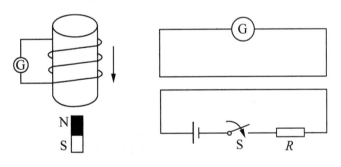

图 9.1.5

5. 对于不慎带上磁性的机械手表必须退磁，可用如图 9.1.6 所示的磁性检测仪来检查退磁情况。使用时，扳动一下弹簧片，让它左右振动，如果电流表指针摆动，就表明手表还留有磁性。这是为什么？

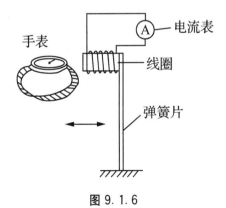

图 9.1.6

143

6. 如图 9.1.7 所示，在线圈上方用橡皮条吊着一个小条形磁铁，并让它在线圈上方沿竖直方向自由振动。合上开关 S，使线圈闭合，磁铁的振动会很快停下来。请利用能量原理来解释这一现象。

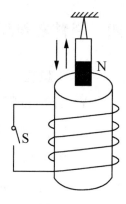

图 9.1.7

7. 在科技馆中常看到这样的表演：一根长 1 m 左右的空心铝管竖直放置（图 9.1.8 甲），把一枚磁性比较强的小圆柱形永磁体从铝管上端放入管口，圆柱直径略小于铝管的内径。根据一般经验，小圆柱自由下落 1 m 左右的时间不会超过 0.5 s，但把小圆柱从上端放入管中后，过了许久它才从铝管下端落下来。小圆柱在管内运动时，没有发现它跟铝管内壁发生摩擦，把小圆柱靠近铝管，也不见它们相互吸引。是什么原因使小圆柱在铝管中缓慢下落呢？如果换用一条有裂缝的铝管（图 9.1.8 乙），圆柱在铝管中的下落就变快了。这又是为什么？

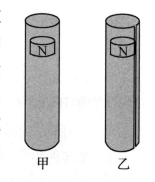

图 9.1.8

8. 机械硬盘是计算机的重要存储媒介。系统向硬盘写入数据时，磁头中"写数据"电流产生磁场使盘片表面磁性物质的状态发生改变，并在磁场消失后仍能保持，这样数据就被存储下来。系统从硬盘中读数据时，磁头经过盘片指定区域，盘片表面磁场使磁头产生电磁感应，电路中的电流产生变化，经相关电路处理后还原成数据。请你推断一下，机械硬盘应该由哪些机械部件组成。

第 2 节 法拉第电磁感应定律

一、核心素养发展要求

1. 理解法拉第电磁感应定律，并能解释有关现象，如手摇发电机实验。
2. 知道发电机的原理，感受其对现代社会的影响，强化尊重科学的意识。

二、核心内容理解深化

（一）感应电动势

要在闭合回路中维持稳定的电流，回路中需要有电源存在。常用的电池是通过化学过程向电路提供能量的。实验证实，只要穿过闭合回路的磁通量发生变化，同样会有感应电流产生，这意味着该电路中一定存在感应电动势，由法拉第电磁感应定律有

$$E = n\frac{\Delta \Phi}{\Delta t}$$

它是表示感应电动势大小的实验定律，而产生感应电动势的那段导线（体）或磁通量发生变化的线圈就相当于电源。作为电源，感应电动势的大小与回路中的电阻无关，只要回路中的磁通量发生变化，即 $\frac{\Delta \Phi}{\Delta t} \neq 0$，即使回路不闭合，感应电动势依然存在。

导体切割磁力线运动时的感应电动势是法拉第电磁感应定律中的一个特殊形式，这时，感应电动势的大小可用 $E = BLv$ 来表示。

三、学以致用与拓展

例题 如图 9.2.1 所示，在 $B = 0.2$ T 的匀强磁场中，线框 $abcd$ 的 cd 边长 $L = 0.5$ m，以速率 $v = 5$ m/s 向右匀速运动，已知整个线框的电阻为 $1\ \Omega$。试求：

(1) 线框中感应电动势的大小；
(2) 线框中感应电流的大小及方向；
(3) 使 cd 边向右匀速运动所需的外力；
(4) 外力做功的功率；
(5) 感应电流的功率。

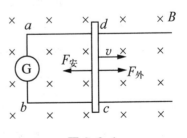

图 9.2.1

分析 分析直导线在磁场中的运动过程和受力情况是

求解本题的关键。当导线做切割磁力线运动时产生感应电动势，在闭合回路中产生感应电流。cd 边在磁场中受到安培力 $F_安$ 的作用，它的方向可以用左手定则判定，这个力是阻碍 cd 边向右运动的。要使 cd 边向右做匀速运动，必须要有一个外力与之平衡，这个外力 $F_外$ 的大小应与 cd 边所受安培力 $F_安$ 的大小相等、方向相反，外力做的功转化为电流在电阻上消耗的电功率，符合能量守恒定律。

解　（1）cd 边在做切割磁力线运动时，v 与 B 垂直，有
$$E = BLv = 0.2 \times 0.5 \times 5 \text{ V} = 0.5 \text{ V}$$

（2）由安培定则确定感应电流的方向是从 c 到 d，即线框中的感应电流方向为 $c \to d \to a \to b \to c$。感应电流的大小为
$$I = \frac{E}{R} = \frac{0.5}{1} \text{ A} = 0.5 \text{ A}$$

（3）由于 cd 边中有电流通过，cd 边成为磁场中的通电直导线，由左手定则可知，cd 边所受安培力 $F_安$ 的方向向左，大小为
$$F_安 = BIL = 0.2 \times 0.5 \times 0.5 \text{ N} = 0.05 \text{ N}$$
要使 cd 边做匀速运动，外力 $F_外$ 应与安培力 $F_安$ 平衡，即外力的方向向右，大小为 $F_外 = 0.05$ N。

（4）外力做功的功率为
$$P = F_外 v = 0.05 \times 5 \text{ W} = 0.25 \text{ W}$$

（5）感应电流的功率为
$$P' = EI = 0.5 \times 0.5 \text{ W} = 0.25 \text{ W}$$

反思与拓展　由功率的计算结果也可看出，在整个能量转化过程中，总能量是守恒的。电磁感应过程只是把机械能等其他形式的能量转化为电能的过程，仍然要遵守能量守恒这一自然界的永恒规律。

四、学科素养测评

1. 要想使发电机的线圈产生较大的感应电动势，应（　　）

　　A. 使穿过线圈的磁通量由小变大

　　B. 使穿过线圈的磁通量一直很大

　　C. 使穿过线圈的磁通量的变化大

　　D. 使穿过线圈的磁通量变化快

2. 一条形磁铁与导线环在同一平面内，磁铁中央恰与导线环的圆心 O 重合，如图 9.2.2 所示。为了在导线环中得到如图所示的感应电流，磁铁应该（　　）

　　A. N 极向纸内、S 极向纸外绕 O 点转动

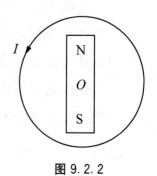

图 9.2.2

B. N极向纸外、S极向纸内绕O点转动

C. 沿垂直于纸面方向向纸外平动

D. 沿垂直于纸面方向向纸内平动

3. 如图9.2.3所示，单匝矩形线框abcd绕过ad中点的轴OO′在匀强磁场B中按图示方向匀速转动，已知ab=0.2 m，a点做匀速圆周运动的线速度为1 m/s，B=0.2 T，则在图示位置时，线框中的感应电动势为_____，从图示位置转过90°时，线框中的感应电动势为_____。

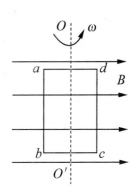

图 9.2.3

4. 如图9.2.4所示，面积为100 cm² 的单匝线框abcd，原来处在B=0.5 T的匀强磁场中，在0.5 s内匀强磁场的磁感应强度增大到1.5 T，则线框的平均感应电动势有多大？感应电流的方向如何？

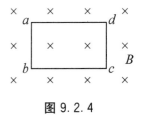

图 9.2.4

5. 如图9.2.5所示，匀强磁场B=0.6 T，做切割磁力线运动的导线ab长为0.5 m，它以5 m/s的速度做匀速直线运动，运动方向与导线ab垂直，与磁场方向的夹角为30°并指向纸外，整个电路的电阻为0.5 Ω。

(1) 求感应电动势的大小。

(2) 求感应电流的大小和方向。

(3) a、b两点中哪一点电势高？

(4) 求导线ab所受安培力的大小。

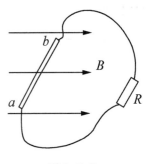

图 9.2.5

147

6. 当航天飞机在环绕地球的轨道上飞行时,从中释放一颗卫星,卫星与航天飞机速度相同,两者用导电缆绳相连。这种卫星称为绳系卫星,利用它可以进行多种科学实验。现有一绳系卫星在地球赤道上空沿东西方向运行,该卫星位于航天飞机的正上方,它与航天飞机之间的距离是 20.5 km,卫星所在位置的地磁场 $B=4.6\times10^{-5}$ T,沿水平方向由南向北。如果航天飞机和卫星的运行速度都是 7.6 km/s,且缆绳各处的磁感应强度几乎一致,求缆绳中的感应电动势大小。

7. 动圈式扬声器的结构如图 9.2.6 所示。线圈圆筒放置在永久磁体磁极间的空隙中,且能够在空隙中左右运动。音频电流通过线圈,产生安培力使线圈左右运动。纸盆与线圈连接,随着线圈振动而发声。这样的扬声器能不能当作话筒使用?也就是说,如果我们对着纸盆说话,扬声器能不能把声音变成相应的电流?为什么?

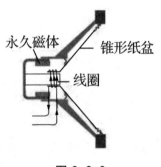

图 9.2.6

第3节 互感与自感

一、核心素养发展要求

1. 了解自感与互感现象，以及互感、自感中的能量转化关系。
2. 了解变压器、无线充电中的能量传输，体会科技发明中的思维规律。
3. 通过观察自感与互感现象、测量变压器各端子电压等实验，提高实验观察能力，锻炼实验操作和分析能力，体验其在生产、生活中的应用，提升动手实践的意识与能力。

二、核心内容理解深化

（一）互感

法拉第电磁感应定律指出，只要穿过闭合回路的磁通量发生变化，即会产生感应电流。若这一变化的磁通量来自邻近一线圈中电流的变化，所发生的这种现象称为互感现象。变压器 $\left(\dfrac{U_1}{U_2}=\dfrac{n_1}{n_2}\right)$ 就是这一现现象的实例。

（二）自感

闭合回路中的电流在回路附近会产生磁场，这样就有磁通量穿过该回路，此磁通量是由回路本身的电流引起的。由于该电流发生变化，穿过回路的磁通量也随之发生变化，因此回路中同样存在电磁感应现象，称之为自感。导体的自感与其本身的特性有关。

自感与互感都是电磁感应的重要表现形式之一。任何一个电路，都有可能存在此类作用。在交流电路中经常会用到自感元件与互感元件。自感现象和互感现象有时对我们有利，必须积极地加以利用；有时又有危害，必须设法防止。

三、学以致用与拓展

例题 一变压器用来将墙上电插孔中的 120 V 电压转换为某收音机所要求的 9 V 电压。

(1) 要实现此过程应使用升压变压器还是降压变压器？

(2) 如果原线圈有 480 匝，副线圈应有多少匝？

分析 我们将变压器原线圈一边看作提供能量的一边，那么它就是连接 120 V 的一边。副线圈是输出能量的一边，即连接 9 V 的一边。原线圈与副线圈的匝数比决定了原副线圈的电压比。

解 （1）我们将变压器原线圈一边看作提供能量的一边，那么它就是连接 120 V 的一边。因此，可使用降压变压器来降低电压，使其达到 9 V。

（2）根据方程 $\dfrac{U_1}{U_2}=\dfrac{n_1}{n_2}$，有

$$n_2=\dfrac{U_2}{U_1}n_1=\dfrac{9}{120}\times 480 \text{ 匝}=36 \text{ 匝}$$

反思与拓展 变压器的原副线圈中都有磁力线，由于磁通量的变化是相同的，在每匝线圈产生的感应电动势也是一样的。对于副线圈来说，线圈匝数越多，产生的总电压越大；匝数越少，产生的总电压越小。既然是降压变压器，副线圈为什么不能用一匝？这样原线圈的匝数可以少一些，也可以节省线圈材料。请同学们想一想，为什么？

四、学科素养测评

1. 电路中的电流发生变化时，会产生自感电动势，其规律是（　　）

A. 自感电动势总是阻碍电路中原来电流的变化

B. 自感电动势总是阻碍电路中原来电流的增大

C. 电路中的电流越大，自感电动势越大

D. 电路中电流的变化越大，自感电动势越大

2. 为了安全起见，机床上的照明电灯用的电压是 36 V，这个电压是把 220 V 的电压通过变压器降压后得到的。如果使用这台变压器给 40 W 的电灯供电（不考虑变压器的损失），则原副线圈的电流之比为（　　）

A. 1∶1　　　　　B. 55∶9　　　　　C. 9∶55　　　　　D. 9∶10

3. 如图 9.3.1 所示为某一理想变压器，原副线圈匝数相等（$n_1=n_2$）。当开关 S 闭合后，两个相同的灯泡 L_1、L_2 发生的现象是（　　）

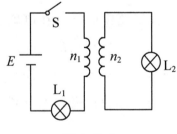

图 9.3.1

A. L_1、L_2 都不亮

B. L_1、L_2 渐亮后并保持亮度不变

C. L_1、L_2 立即亮

D. L_1 渐亮，L_2 由亮变暗再熄灭

4. 三个匝数不同的线圈绕在同一铁芯上，如图 9.3.2 所示，它们的匝数满足关系式 $n_A<n_B<n_C$，开关 S 闭合的瞬间，三个线圈中产生的感应电动势的大小关系从大到小应为_____。

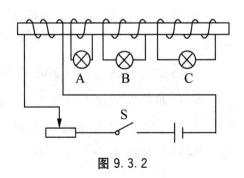

图 9.3.2

5. 有些住宅区是由 10 kV 的输电线来提供电能的，为了给每个住宅提供 220 V 的电压，常用降压变压器。为什么不用 220 V 的输电线来提供电能，以避免使用昂贵的变压器？又为什么不让家用电器工作在 10 kV 状态，从而避免使用变压器呢？

6. 无线充电是一种特殊的供电方式，它不用传统的电源线连接充电座与接收设备。如图 9.3.3 所示，一手机正在无线充电，在充电座和手机中有什么样的装置，使能量从充电座传输到手机里？

图 9.3.3

7. 变压器线圈中的电流越大，所用的导线应当越粗。某一降压变压器，假设它只有一个原线圈和一个副线圈，哪个线圈应该使用较粗的导线？为什么？

8. 某同学给出如下结论："变压器的原副线圈之间并未直接用导线相连，而是靠线圈中磁通量的变化传输功率，因此，能量在传输过程中不会有损失，变压器也不会发热。"请你帮他分析这个结论错在哪里。

第4节 电磁场与电磁波的发射和接收

一、核心素养发展要求

1. 了解电磁振荡现象，了解电磁波的波段、发射和接收过程，以及电磁场的物质性。了解电磁波波速、频率及波长之间的关系。

2. 知道麦克斯韦电磁场理论在生产、生活中的广泛应用以及对现代社会的影响，体验科学及科技的力量。

二、核心内容理解深化

（一）电磁振荡

充电后的电容器在电磁振荡电路中反复充、放电，会在回路中产生振荡电流。其规律正如力学中弹簧振子的自由振动一样。

电磁振荡的过程实质上是电路中储存在电容器中的电场能和储存在电感中的磁场能之间相互转化的过程。若电路电阻为零，则这一振荡过程会一直持续下去，这与弹簧振子振动时在阻力为零的情况下的自由振动情况一样。

将 LC 振荡电路中的电容器两极拉开，构成一开放型 LC 振荡电路，当该电路发生电磁振荡时，电磁波就可以从电容器两极（天线）间发射出去。

LC 振荡电路自由振荡的周期由电路本身的特性决定（自感系数 L 和电容 C），即

$$T=2\pi\sqrt{LC}$$

（二）电磁场与电磁波

麦克斯韦理论指出：变化的磁场在其周围会产生一个电场，非均匀变化的磁场在其周围存在变化的电场；而变化的电场在其周围又会产生一个磁场，非均匀变化的电场在

其周围存在变化的磁场；变化的电场与磁场构成一个统一体，叫作电磁场。

电场与磁场在空间交替变化的同时，把能量传播出去，形成电磁波。这一过程并不需要有介质参与。所以，电磁波与机械波不同，它可以在真空中传播，传播速度就是光速。电磁波有波长 λ 和频率 f，波长、频率及波速之间的关系为

$$v = \lambda f$$

在空气和真空中，电磁波波速为光速 c，该式变为 $c = \lambda f$。

三、学以致用与拓展

例题 雷达是一种无线电探测装置，除了可以用于军用方面外，还可以用来测定人造卫星、宇宙飞船等飞行物的速度和轨道。雷达测距是由雷达指示器直接显示出来的，当雷达向目标发射无线电波时，在指示器荧光屏上出现一个尖形波；在收到反射回来的无线电波时，在荧光屏上呈现第二个尖形波。如图 9.4.1 所示，该图只记录了时间，每一小格表示 1×10^{-4} s，那么雷达与被测目标的距离约为多少？

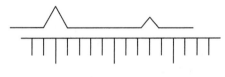

图 9.4.1

分析 雷达信号为电磁波，在空气中的传播速度约为 3×10^8 m/s。从图 9.4.1 中可以看出，雷达信号发射后，传播到被测目标，再反射回雷达，共用时 8×10^{-4} s，传播的距离为雷达与被测目标的距离两倍。

解 设雷达与被测目标的距离为 s，来回的时间为 t，则有

$$2s = ct$$

解得

$$s = \frac{ct}{2} = \frac{3 \times 10^8 \times 8 \times 10^{14}}{2} \text{ m} = 1.2 \times 10^5 \text{ m}$$

反思与拓展 雷达工作时，会用固定的时间间隔向外发射电磁脉冲。当被测目标不动时，雷达接收到的两个相邻的电磁脉冲之间的时间间隔不变。当有飞机等移动的物体向雷达靠近或离开，电磁波在空中传播的距离发生变化，导致发射与接收到的电磁脉冲之间的时间间隔会变短或变长。通过时间间隔的变化可以计算出飞机等物体相对雷达的移动速度。

用雷达测量移动物体速度的原理还可以基于多普勒效应。雷达通过测量发射波与接收波之间的频率差异，可以准确地计算出飞机的速度。这种测速方法不仅适用于飞机，同样适用于其他移动目标，如汽车、船只等，因此在交通监控、军事应用等领域得到了广泛应用。

四、学科素养测评

1. 在 LC 振荡电路中，电流的规律满足（ ）

　　A. 电容器两极板上电荷始终为零，电容器内无电流

　　B. 线圈中的电流方向不变

　　C. 电容器两极板间的电场一直很大，电流也很大

　　D. 线圈中的电流始终在变化

2. 若要增大 LC 振荡电路的频率，可采取的方法是（ ）

　　A. 增大电容器的电容　　　　　　B. 升高电容器两极板间的电压

　　C. 减少线圈的匝数　　　　　　　D. 增大电路的电流

3. 中国航天员在空间站进行了太空行走等舱外活动。若舱外的航天员与舱内的航天员进行通话，下列方式最好的是（ ）

　　A. 直接对话　　　　　　　　　　B. 利用紫外线通话

　　C. 利用红外线通话　　　　　　　D. 利用无线电波通话

4. 下面是几位同学在学习电磁场和电磁波后总结的一些结论，其中正确的是（ ）

　　A. 变化的电场周围产生变化的磁场，变化的磁场周围产生变化的电场，两者相互联系，统称为电磁场

　　B. 电磁场从发生区域由近及远地传播称为电磁波

　　C. 电磁波是一种物质，可在真空中传播，所以说真空中没有实物粒子，但不等于什么都没有，有"场"这种特殊物质

　　D. 电磁波在真空中的传播速度总是 3×10^8 m/s

5. 我国制造的首款具有"隐身能力"和强大攻击力的第四代作战飞机"歼20"于 2011 年 1 月 11 日进行了公开首飞。它的首飞成功标志着中国继美国和俄罗斯之后，成为世界上第三个进入第四代战机研发序列的国家。隐形飞机的原理是：在飞机研制过程中设法降低其可探测性，使之不易被敌方发现、跟踪和攻击。根据你所学的物理知识，判断下列情况符合实际的是（ ）

　　A. 运用隐蔽色涂层，无论距离多近，即使拿望远镜也不能看到它

　　B. 使用雷达波吸收材料，在雷达屏幕上显示的反射信息很少、很弱，很难被发现

　　C. 使用雷达波吸收涂层后，传播到复合金属机翼上的电磁波在机翼上不会产生感应电流

　　D. 主要是对发动机、喷气尾管等因为高温容易产生紫外线辐射的部位采取隔热、降温等措施，使其不易被敌方发现

6. 下列家用电器工作时，不涉及电磁波的发射或接收的是（ ）

　　A. 电视机　　　B. 收音机　　　C. 洗衣机　　　D. 微波炉

7. 某同学自己绕制天线线圈，制作一个最简单的收音机用来收听中波的无线电广播。他发现有一个频率最高的中波电台接收不到，但可以接收其他中波电台。为了收到这个电台，他应该增加还是减少线圈的匝数？请说明理由。

8. 某雷达站正在跟踪一架飞机，此时飞机正朝着雷达站方向匀速飞来。某一时刻雷达发出一个无线电脉冲，经 200 μs 后收到反射波；隔 0.8 s 后再发出一个脉冲，经 198 μs 后收到反射波。求飞机的飞行速度。（1 μs＝10^{-6} s）

9. 我国第一颗人造地球卫星曾用频率为 20.009 MHz 的无线电波播放《东方红》乐曲，求该无线电波的波长。

本章综合检测卷

一、选择题

1. 一段不闭合的导线放在磁场中做切割磁力线的运动，则导线中（　　）

   A. 既有感应电流，又有感应电动势产生

   B. 有感应电流，无感应电动势产生

   C. 无感应电流，有感应电动势产生

   D. 既无感应电流，又无感应电动势产生

2. 下列属于电磁感应现象的是（　　）

   A. 通电导体的周围产生磁场

   B. 在条形磁铁插入闭合螺线管的过程中，螺线管的线圈中产生电流

   C. 通电螺线管的铁芯被磁化而带有磁性

   D. 电荷在磁场中定向移动形成电流

3. 你认为发电机能发电的主要原理是（　　）

   A. 电生磁现象　　　　　　B. 磁场对电流有作用

   C. 电磁感应原理　　　　　D. 磁化现象

4. 如图所示，在研究自感现象的实验中，由于线圈 L 的作用（　　）

   A. 电路接通时，电灯不会发光

   B. 电路接通时，电灯不能立即达到正常亮度

   C. 电路切断瞬间，电灯突然发出较强的光

   D. 电路接通后，电灯发光较暗

   第 4 题图

5. 高频仪器和标准电阻箱中的电阻常用双线绕制，这是为了（　　）

   A. 增大电阻值　　　　　　B. 减小电阻值

   C. 增大自感系数　　　　　D. 减小自感系数

6. 闭合线圈 $abcd$ 运动到如图所示的位置时，测得线圈的感应电流方向为 $a \to b \to c \to d \to a$，那么线圈 $abcd$ 的运动情况是（　　）

   A. 向左平动，进入磁场　　B. 向右平动，退出磁场

   C. 向上平动　　　　　　　D. 向下平动

   第 6 题图

7. 手机通信系统主要由手机、基站、交换网络组成，信号通过电磁波传播。下列说

法正确的是（   ）

A. 手机里电路的周围空间一定产生电磁波

B. 基站电路中产生变化的电场，周围空间会产生变化的磁场，形成电磁波

C. 基站中均匀变化的电场周围空间产生变化的磁场

D. 手机里产生振荡电场，周围空间会产生同样频率的振荡磁场

8. LC 振荡电路中 L 固定，当可变电容器的电容为 C_1 时，发出波长为 λ 的电磁波，当可变电容器的电容为 C_2 时，发出波长为 3λ 的电磁波，则 $C_1:C_2$ 为（   ）

A. 1∶3　　　　B. 3∶1　　　　C. 9∶1　　　　D. 1∶9

9. 在 LC 振荡电路中，电流 $I=0$ 时（   ）

A. 磁场最强，电场为零　　　　B. 磁场为零，电场最强

C. 磁场和电场都为零　　　　D. 磁场和电场都最强

10. 根据微波炉的物理原理，下列使用方法不正确的是（   ）

A. 微波炉产生的微波可以使食物中的水分子高频率振荡，可以对含水分的食物进行加热

B. 可以用陶瓷、耐热玻璃、耐热塑料等材料制成的容器盛放食物放进微波炉中加热

C. 可以用金属容器盛放食物放进微波炉中加热，不影响加热的效率

D. 使用微波炉可以实现对食物内外各部分同时加热，不需要在加热时翻动食物

11. 红外线与紫外线已被广泛应用于很多领域，下列说法符合实际的是（   ）

A. 红外线与紫外线在真空中传播的速度大小都相同

B. 常用的遥控器通过发出紫外线脉冲信号来遥控电视机

C. 当体温超过 37.3 ℃时人体才辐射红外线

D. 红外体温计是依据"人体温度越高，辐射的红外线强度越大"来测体温的

12. 输电线上的电阻会使电能转化成内能而损失能量，现利用变压器升高电压，若输送的总功率不变，将电压升高 n 倍，则损失的电能会变为原来的（   ）

A. n 倍　　　　B. $\dfrac{1}{n}$　　　　C. n^2 倍　　　　D. $\dfrac{1}{n^2}$

二、填空题

13. 如图所示，将矩形线框向右匀速拉进匀强磁场的过程中，若速度增加为原来的 2 倍，则拉力为原来的_____倍；若速度不变，线框的电阻增加为原来的 2 倍，则拉力为原来的_____倍。

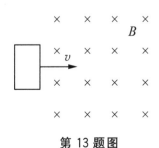

第 13 题图　　　　第 14 题图

14. 如图所示，电阻为 0.1 Ω 的导体 ab 沿光滑导线框向右做匀速运动，线路中接有电阻 R＝0.4 Ω，线框放在磁感应强度 B＝0.1 T 的匀强磁场中，磁场方向垂直于线框平面向里。导体 ab 的长度 L＝0.4 m，运动速度 v＝5 m/s。线框的电阻不计。

(1) 电路 abcd 中相当于电源的部分是_____，_____端相当于电源正极。

(2) a、b 两端的感应电动势 E＝_____，电路 abcd 中的电流 I＝_____。

三、实验与计算题

15. 用如图所示的实验器材来研究螺线管在变化的磁场中产生的电磁感应现象。在给出的实物图中，已用实线作为导线连接了部分实验电路，请用实线作为导线从箭头 1 和 2 处开始完成其余部分电路的连接。

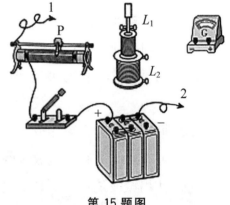

第 15 题图

16. 在一个磁感应强度为 10^{-2} T 的匀强磁场中放一个面积为 100 cm² 、匝数为 100 的线圈。在 0.1 s 内把它从平行于磁场方向的位置转过 90°，使之变成垂直于磁场的方向，求线圈中的平均感应电动势。

17. 某水电站中的发电机，工作电压为 12 kV，工作电流为 12 A，用一升压变压器将传输线上的电压升高到 120 kV。

(1) 求传输线中的电流；

(2) 如果传输线的电阻为 170 Ω，求传输线中的电热功率。

第10章　电子元件与传感技术

第1节　二极管

一、核心素养发展要求

1. 知道半导体二极管的结构特点以及相关应用。

2. 能用多用表检测半导体二极管，感知二极管的单向导电性，尝试从外观区分二极管的阴极和阳极。

3. 能合理分析电路，正确判断二极管两端电势的高低，确定二极管的工作状态，得到输出电压。

二、核心内容理解深化

（一）二极管

二极管是一种半导体元件，它实质上是一个封装的带有引脚的 PN 结，二极管利用内部 PN 结的特性实现相应的控制功能。

利用 PN 结的单向导电性，二极管可以作为电子开关，用来整流、检波；利用 PN 结反向击穿时，电压几乎不变的特性，二极管可以实现稳压功能；利用 PN 结的光敏特性，二极管可以加工成光敏元件，用来制作光电开关；利用半导体中空穴、电子复合将电信号转变为光信号的特性，可以将二极管加工成发光二极管，用于照明。

三、学以致用与拓展

例1　判别图 10.1.1（a）所示电路中的二极管是导通的还是截止的，如果二极管的正向压降为 0.6 V，则电路的输出电压为多少伏？

分析　判别二极管在电路中的状态，可以假想先将二极管从电路中移出，根据两断点间电位高低判别原先电路中的二极管是正向偏置还是反向偏置，然后再进一步确定电路的输出电压。

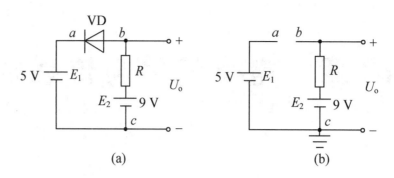

图 10.1.1

解 将图 10.1.1(a) 中的二极管 VD 从电路中断开后取出，如图 10.1.1(b) 所示。设两断开点为点 a 和点 b，点 a 对应二极管的阴极，点 b 对应二极管的阳极，判别 a、b 两点电势的高低。

假设 c 点为接地端，则 a 点的电势为 5 V。因为 a、b 间开路，电阻 R 中没有电流流过，所以电阻 R 两端的电势相等，b 点的电势为 9 V，因为阳极电势高于阴极电势，所以二极管 VD 处于导通状态。

回到图 10.1.1(a)，电路的输出电压 U_o 既是电源 E_1 与二极管 VD 所在支路两端的电压，也是电源 E_2 与电阻 R 所在支路两端的电压。因为二极管处于导通状态，电阻 R 中有电流流过，在电阻 R 的两端产生了压降，具体压降与流过电阻 R 的电流大小有关。根据电源 E_1 与二极管 VD 这条支路计算输出电压 U_o 更为便捷。假设 c 点接地（c 点电势为 0），从 c 点经过电源 E_1 到达 a 点，电势升高了 5 V，因为二极管正向导通且已知正向压降为 0.6 V，从二极管阴极 a 点经过二极管 VD 到达二极管阳极 b 点电势升高了 0.6 V，所以 b 点的电势为 5.6 V，输出电压 $U_o = U_{bc} = 5.6$ V。

反思与拓展 利用二极管的单向导电性以及二极管正向导通时 PN 结两端的正向压降恒定这一特点，可以将电路的输入、输出信号波形某一部分固定在选定电位，这样的电路称为钳位电路。在本例中，若电阻 R 的阻值为 340 Ω，试计算流过电阻 R 的电流。

例 2 如图 10.1.2(a) 所示的二极管整流电路中，将二极管看成理想模型（忽略正向压降和死区电压），已知输入电压的波形，试在图 10.1.2(b) 中绘制输出电压的波形。

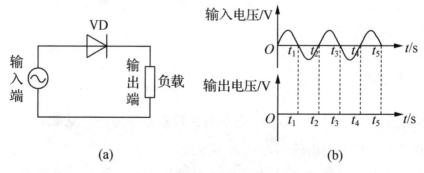

图 10.1.2

分析 根据二极管的单向导电性，当输入电压的波形为正半周时，二极管 VD 正向偏置，二极管 VD 导通，对于理想二极管，输入电压的波形与输出电压的波形相对应；

当输入电压的波形为负半周时,二极管 VD 反向截止,负载端没有电压输出。

解 根据分析结果,负载端输出电压的波形如图 10.1.3 所示。

反思与拓展 当二极管的正向偏置电压低于死区电压时,二极管依然处于截止状态,所以在真实的二极管整流电路中,当输入电压的波形在正半周与负半周的过渡阶段时输出电压的波形会略有失真,试描述实际输出电压的波形将如何变化。

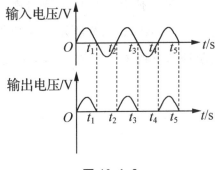

图 10.1.3

四、学科素养测评

1. 二极管不具备的功能是( )
   A. 稳压　　　　B. 整流　　　　C. 放大　　　　D. 钳位

2. 下列二极管工作在反向击穿区的是( )
   A. 整流二极管　　　　B. 稳压二极管
   C. 发光二极管　　　　D. 光电二极管

3. 下列电路中,灯 L 无法点亮的是( )

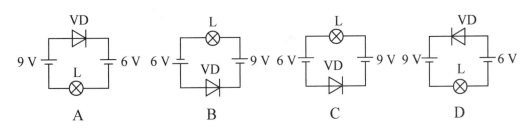

4. 如图 10.1.4 所示的由理想二极管组成的电路中,输出电压 U_1 和 U_2 分别是( )
   A. $U_1=6$ V,$U_2=0$ V　　　　B. $U_1=0$ V,$U_2=6$ V
   C. $U_1=0$ V,$U_2=0$ V　　　　D. $U_1=6$ V,$U_2=6$ V

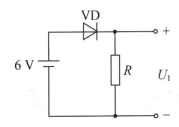 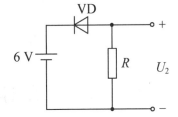

图 10.1.4

5. 用多用表测二极管的正、反向电阻,如果两次测量的阻值均很小,说明二极管_____;如果两次测量的阻值均很大,说明二极管_____;如果测量的阻值一次很大,另一次很小,说明二极管_____。

6. 在本征半导体中掺入五价元素的原子,形成了_____型半导体,掺杂后的半导体中出现的载流子是_____;在本征半导体中掺入三价元素的原子,形成了

_____型半导体，掺杂后的半导体中出现的载流子是_____，由于载流子数量增多，掺杂半导体的导电能力比本征半导体有了明显的提升。

7. 如图 10.1.5 所示，二极管正向压降为 0.6 V，电阻 R 的阻值为 340 Ω，试求输出电压 U_o 和流过电阻 R 的电流 I。

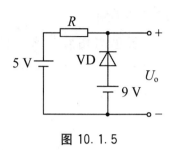

图 10.1.5

8. 如图 10.1.6 所示，二极管正向压降为 0.6 V，电阻 R 的阻值均为 2 kΩ，输入直流电压为 5 V，求输出电压 U_o 的值。

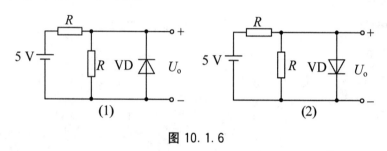

图 10.1.6

第 2 节 光电效应 光电管

一、核心素养发展要求

1. 了解光电效应现象，理解光电效应规律。
2. 了解真空光电管的结构和工作原理，以及它与固体光电器件发生光电效应的原理的不同。

3. 了解光敏电阻和光敏二极管的工作原理与工作条件。

二、核心内容理解深化

（一）光电效应

光子具有能量，每一份光子具有的能量 $E=h\nu$，光的频率不同，光子具有的能量不同。

金属中的电子挣脱原子核的静电力束缚逸出金属表面所需要的最小能量称为逸出功。电子逸出金属表面所需的逸出功与金属材料有关。

光子照射到金属上，它的能量 E 被某个电子吸收，如果电子从光子获得的能量 E 足以克服金属中原子核的吸引，电子便逃逸出金属表面，成为光电子。

一个光子最多只能激发出一个光电子，但是一个光电子经过加速后可以激发出多个二次电子。

光电效应发生的条件是 $E \geqslant W$，如果将 $E=h\nu$ 代入该式，则该式演变为 $\nu \geqslant \dfrac{W}{h}$。发生光电效应时，入射光的最低频率称为截止频率，用 ν_0 表示，$\nu_0 = \dfrac{W}{h}$。如果光子的能量超出电子逸出所需要的逸出功，则多余的能量转化为电子的初动能 $\dfrac{1}{2}mv^2$，即 $\dfrac{1}{2}mv^2 = h\nu - W$。

三、学以致用与拓展

例题 用波长为 400 nm 的紫外线照射金属铯时，逸出光电子的动能是多少？

分析 紫外线照射金属铯，将光子的能量传递给金属铯的电子，电子吸收能量后，克服原子核引力做功，剩余的能量就是光电子的初动能。所以计算出紫外线光子能量和金属铯的逸出功，就可以求得逸出光电子的动能。

解 由教材中表 10.2.1 得金属铯的截止频率为 4.55×10^{14} Hz，根据 $W=h\nu_0$ 得铯的逸出功为

$$W = 6.63\times 10^{-34} \times 4.55\times 10^{14} \text{ J} \approx 3.02\times 10^{-19} \text{ J}$$

由 $c=\lambda\nu$ 得波长为 400 nm 的紫外线的频率为

$$\nu = \dfrac{c}{\lambda} = \dfrac{3.0\times 10^8}{400\times 10^{-9}} \text{ Hz} = 7.5\times 10^{14} \text{ Hz}$$

金属铯在紫外线照射下逸出光电子的初动能为

$$E = \dfrac{1}{2}mv^2 = h\nu - W = (6.63\times 10^{-34}\times 7.5\times 10^{14} - 3.02\times 10^{-19}) \text{ J} \approx 1.95\times 10^{-19} \text{ J}$$

反思与拓展 如果本题中的光电效应发生在光电管中，那么光电管的阴极和阳极间电压为多少时，才能使光电流正好为零？

四、学科素养测评

1. 用弧光灯照射由导线和验电器相连的锌板时,验电器的箔片张开,这时(　　)
   A. 锌板带正电,箔片带负电 B. 锌板带正电,箔片带正电
   C. 锌板带负电,箔片带正电 D. 锌板带负电,箔片带负电

2. 下列各种光子中能量最大的是(　　)
   A. 红外线 B. 紫外线 C. X射线 D. γ射线

3. 某种金属在黄光的照射下恰好能发射光电子,用这种金属作为阴极的光电管,要使光电子的初动能增大,可采取的措施是(　　)
   A. 增强黄光的照射强度 B. 提高光电管两极间的电压
   C. 用红光代替黄光 D. 用蓝光代替黄光

4. 光电效应能否发生取决于(　　)
   ① 入射光的频率；② 光的照射强度；③ 光的照射时长；④ 阴极金属材料。
   A. ①和④ B. ②和③ C. ①和② D. ②和④

5. 爱因斯坦提出了光的量子学说,在空间中传播的光是不连续的,而是一份一份的,每一份叫作一个光子,每一份光子的能量大小与光的频率(　　)
   A. 成正比 B. 成反比 C. 成对数关系 D. 成指数关系

6. 用能量为 6 eV 的光子照射某种金属表面时,逸出光电子的最大初动能为 4 eV。如果用能量为 7 eV 的光子照射同一金属表面,逸出光电子的最大初动能是多少?

7. 用一束波长为 4.0×10^{-7} m 的可见光照射金属钾,已知光速 $c=3\times10^8$ m/s,普朗克常量 $h=6.63\times10^{-34}$ J·s。钾的逸出功为 3.60×10^{-19} J,试计算逸出光电子的最大初动能。

第3节 温度传感器及其应用

一、核心素养发展要求

1. 了解传感器的基本结构，明确敏感元件和转换元件在传感器中的具体功能，调研传感器的发展趋势。

2. 知道温度传感器是利用材料的热敏特性实现由温度到电参量的转换的装置。

3. 熟悉热电偶、金属热电阻、热敏电阻三类温度传感器在响应速度、测量精度以及温度特性方面的差异，能根据具体场合选择合适的温度传感器。

4. 了解金属热电阻传感器有几根引线，为什么有的热电阻温度传感器有三根或四根引线，这些引线分别起什么作用。

5. 调查温度传感器在生产、生活中的应用，发展社会责任、科技传承等物理学科核心素养。

二、核心内容理解深化

（一）温度传感器

温度传感器利用热敏元件与温度有关的物理特性将温度变化转变为电信号的变化。

温度传感器分为接触式和非接触式两类。金属热电阻、半导体热敏电阻、热电偶属于接触式温度传感器，在使用时要注意安装位置与固定方式，确保与被测物体接触良好；辐射高温计、红外热像仪是非接触式温度传感器，可以实现对物体表面温度的无接触测量。

选择温度传感器时要考虑测量精度、响应速度、元器件成本等多个因素。金属热电阻温度传感器测量精度高，半导体热敏电阻成本低，热电偶温度传感器响应迅速。

用温度传感器测量温度时，要根据具体情况，采取补偿、校准或提高采样频率等措施减小测量误差。比如：金属热电阻温度传感器测量电路要考虑消除引线电阻的影响，并且要限制流过金属热电阻的电流；热电偶测温时要对冷端进行修正和补偿。

三、学以致用与拓展

例1 如图10.3.1所示是金属电阻的测温原理图。已知 R_t 是Cu100热电阻，$R=100\ \Omega$，已知 $R_t=R_0(1+\alpha t)$，$\alpha=4\times10^{-3}\ ℃^{-1}$。简述测温电路的工作原理。若 $E=4.2\ \text{V}$，试

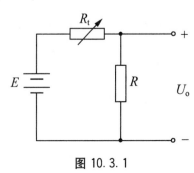

图 10.3.1

求当温度 $t=25$ ℃时的输出电压 U_o。

分析 金属热电阻 R_t 的阻值随温度 t 的变化而发生变化。R_0 是金属热电阻在 0 ℃时的阻值，Cu100 在 0 ℃时阻值为 100 Ω，R_t 是金属热电阻在 t ℃时的阻值，可以根据 $R_t=R_0(1+\alpha t)$ 计算，α 是金属热电阻的电阻温度系数。借助串联分压电路，根据金属热电阻在 t ℃时的阻值 R_t 和串联分压电阻 R 的阻值，可以求出输出电压 U_o。

解 该测温电路利用串联分压电路将热电阻阻值的变化转变为输出电压 U_o 的变化：温度升高，金属热电阻 R_t 的阻值增大，串联电阻 R 的分压减小，输出电压 U_o 减小；反之，则正好相反。

已知温度 $t=25$ ℃，根据 $R_t=R_0(1+\alpha t)$，$\alpha=4\times10^{-3}$ ℃$^{-1}$ 得

$$R_t=100\times(1+4\times10^{-3}\times25)\ \Omega=110\ \Omega$$

若金属热电阻 R_t 两端的电压为 U_t，串联分压电阻 R 两端的电压为 U_o，则

$$E=U_t+U_o=4.2\ \text{V}$$

串联电路中电压之比等于电阻之比，即 $\dfrac{U_t}{U_o}=\dfrac{R_t}{R}=\dfrac{110}{100}$，故 $U_t=1.1U_o$，解得

$$U_t=2.2\ \text{V},\ U_o=2\ \text{V}$$

反思与拓展 本题中，如何根据输出电压，利用 $R_t=R_0(1+\alpha t)$ 求对应的温度 t？可以归结为两步：

第一步，根据串联分压的特点，由输出电压和金属热电阻的电压之比，求出金属热电阻在温度 t 时的阻值。串联电路中电压之比等于电阻之比，即 $\dfrac{R_t}{R}=\dfrac{U_t}{U_o}$，得到金属热电阻阻值 $R_t=\dfrac{U_t}{U_o}\cdot R$。

第二步，将 $R_t=R_0(1+\alpha t)$ 变形，得到 $\dfrac{R_t}{R_0}=1+\alpha t$，即 $\alpha t=\dfrac{R_t}{R_0}-1$，最终得到 $t=\left(\dfrac{R_t}{R_0}-1\right)/\alpha$，从而根据金属热电阻的阻值 R_t 求得对应的温度 t。

例 2 已知 Cu100 热电阻的热电阻比 $W_{100}=1.42$，当用此热电阻测量 50 ℃温度时，其电阻值为多少？若测温时的电阻值为 92 Ω，则被测温度是多少？

分析 热电阻比 W_{100} 表示 100 ℃条件下金属热电阻 R_{100} 与 0 ℃条件下金属热电阻 R_0 的比值，即 $W_{100}=\dfrac{R_{100}}{R_0}$。根据热电阻比 W_{100}，可以求得此热电阻的电阻温度系数 α，然后就可以根据已知条件，由 $R_t=R_0(1+\alpha t)$ 求出电阻或温度。

解 因为 $W_{100}=\dfrac{R_{100}}{R_0}$，将 $R_t=R_0(1+\alpha t)$ 代入，得 $\alpha=\dfrac{W_{100}-1}{100}$。

将已知数值代入，得 Cu100 的电阻温度系数为

$$\alpha=\dfrac{1.42-1}{100}\ \text{℃}^{-1}=4.2\times10^{-3}\ \text{℃}^{-1}$$

根据 $R_t=R_0(1+\alpha t)$ 得，50 ℃时，Cu100 热电阻的阻值

$$R_{50}=100\times(1+4.2\times10^{-3}\times50)\ \Omega=121\ \Omega$$

将 $R_t=R_0(1+\alpha t)$ 变形得到 $t=\left(\dfrac{R_t}{R_0}-1\right)/\alpha$，代入数据，得 $R_t=92\ \Omega$ 时对应的温度 $t=\left(\dfrac{92}{100}-1\right)/(4.2\times10^{-3})$ ℃ $=\dfrac{-0.08}{4.2}\times10^3$ ℃ ≈-19 ℃。

反思与拓展 比较例1和例2，对于电阻温度系数的相关计算，无非就是掌握一个基本公式 $R_t=R_0(1+\alpha t)$、两个变形公式 $t=\left(\dfrac{R_t}{R_0}-1\right)/\alpha$ 或 $\alpha=\left(\dfrac{R_t}{R_0}-1\right)/t$。

如果将热电阻比 $W_{100}=\dfrac{R_{100}}{R_0}$ 与两个变形公式结合，计算更为方便。在现实中热电阻比还用来体现热电阻丝材料的纯度，比值越大，纯度越高。比如，工业用的标准铂热电阻，$\dfrac{R_{100}}{R_0}>1.391$，其测温精度在 −200～0 ℃时为 ±1 ℃，在 0～100 ℃时为 ±0.5 ℃。

四、学科素养测评

1. 下列选项可作为温度传感器的选用依据的是（　　）
   A. 测量范围　　B. 精度要求　　C. 环境因素　　D. 上述都是
2. 热敏电阻的灵敏度通常是指（　　）
   A. 电阻温度系数　　　　　　　B. 电阻值变化量与温度变化量之比
   C. 温度对电阻的影响程度　　　D. 电阻随温度变化的速率
3. PT100 热电阻在 0 ℃时的电阻值为（　　）
   A. 10 Ω　　　B. 50 Ω　　　C. 75 Ω　　　D. 100 Ω
4. 常见的非接触式温度传感器有（　　）
   A. 热电堆温度传感器　　　　　B. 热敏电阻
   C. 热电阻　　　　　　　　　　D. 热电偶
5. 温度传感器的响应时间是指从受热到达到稳态所需的（　　）
   A. 温度差　　　B. 时间　　　C. 功率　　　D. 电流
6. 简述现有温度传感器存在哪些问题，未来温度传感器的发展趋势是什么。

7. 在用温度传感器测量温度时，应如何减小测量误差？

第4节　光电传感器及其应用

一、核心素养发展要求

1. 知道光电传感器的组成及功能。
2. 知道光电传感器的特点及其在各行各业中的应用。
3. 了解光电传感器在我国发展的现状以及发展趋势，增强技术创新的使命感。

二、核心内容理解深化

（一）光电传感器

光电传感器是利用光电器件把光信号转换成电信号（电压、电流、电阻等）的装置。光电器件是将光能转变为电信号的一种传感器件，光电管、光电倍增管、光敏电阻、光敏二极管、光敏三极管、光电池是常见的几种光电器件。

光电管和光电倍增管接收光照且满足一定条件时，能对外发射光电子，这种现象称为外光电效应。这两种光电器件常用于精确计量光信号。光敏电阻和光敏二极管在接受光照后，在材料内部激发出自由电子和空穴两种载流子，导致电阻减小，导电能力增强，这种现象称为光电导效应。因为没有电荷从材料逸出，所以光电导效应属于内光电效应。光敏电阻的光照特性曲线是非线性的，只适用于开关式的光电转换器件。

三、学以致用与拓展

例1　简述光敏电阻的结构和工作原理，说一说光敏电阻的电极为什么加工成梳状。

分析　结构设计通常是为了满足相应功能，分析光敏电阻的结构时，要与光敏电阻的工作原理相结合。

解 如图 10.4.1 所示，光敏电阻通常用半导体材料制成，半导体材料中载流子的数量决定了半导体的导电能力。

在没有光照时，由于半导体材料中的价电子受到约束，导电能力弱。在足够频率的光照下，部分价电子吸收了光子的能量，挣脱化学键的束缚成了自由电子，同时在原来价电子的位置出现了空穴，自由电子和空穴能在电场力作用下定向移动形成电流，称为载流子。光照增加了光敏电阻中载流子的数量，使光敏电阻的导电能力增强，电阻减小；光照停止后，自由电子与空穴复合，电阻恢复原值。这种现象称作光电导效应。

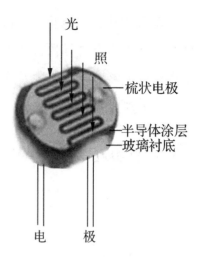

图 10.4.1

由于光电导效应只限于光照射到的表面薄层，所以将光敏电阻中的半导体材料做成薄层，并赋予适当的阻值，均匀地涂在玻璃衬底上。选择玻璃作为绝缘衬底是因为玻璃表面比较平整，半导体材料涂层更为均匀。

将光敏电阻的电极制作成梳状，能够有效地增大相互靠近的两个电极间的半导体隔离带的长度，提高光敏电阻的灵敏度。

只有频率足够高的光，才能从半导体材料中激发出电子—空穴对，所以光敏电阻对不同波长的光灵敏度不同。为了防止外界因素的干扰，在半导体的光敏层上增加滤光片或涂敷一层漆膜，只让所需波长的光线通过。

为了避免光敏电阻因受潮而影响性能，在光敏电阻表面涂有防潮树脂或将光敏电阻密封在壳体中。

反思与拓展 除了光敏电阻中采用梳状电极设计外，在光电池中也使用了梳状（栅状）电极。不过光电池中使用梳状电极与光敏电阻中使用梳状电极略有不同，光电池中使用梳状电极板是为了增大透光面积，减少电极与光敏面的接触电阻，所以在光电池中，只有光照面的上表面采用了梳状电极，下表面使用的是衬底铝电极。

例 2 某一光电管阳极与阴极间电压一定且入射光谱一定时，光电管产生的光电流 I_φ 和光通量 φ 之间满足 $I_\varphi = k\varphi$，k 是光电流与入射的光通量之比，称为光电管的灵敏度。若该光电管的灵敏度为 30 μA/Lm，当与 50 kΩ 电阻串联时，输出电压为 2 V，试求入射的光通量。

分析 因为光电管与电阻串联，所以流过串联电阻的电流与光电管中的电流相同，根据欧姆定律可以求出光电流的大小，然后再根据光照特性由光电流的大小求出光通量的大小。

解 根据欧姆定律有 $I = \dfrac{U}{R} = \dfrac{2}{5.0 \times 10^4}$ A $= 4.0 \times 10^{-5}$ A。

由光照特性方程 $I_\varphi = k\varphi$ 得 $\varphi = \dfrac{I}{k} = \dfrac{4.0 \times 10^{-5}}{30 \times 10^{-6}}$ Lm ≈ 1.33 Lm。

反思与拓展 光敏元件的光电流 I 与光通量 φ 的关系曲线称为光照特性曲线。氧铯阴极的光电管的光照特性曲线中光电流 I 与光通量 φ 成线性关系，常用光敏电阻的光照特性曲线中光电流 I 与光通量 φ 成非线性关系。因此，光电管常用作测量元件，光敏电阻不适合作测量元件，常用作开关式的光电转换器。

四、学科素养测评

1. 下列光电器件基于外光电效应工作的是（　　）
   A. 光电管　　　B. 光电池　　　C. 光敏电阻　　　D. 光敏二极管

2. 当光电管的阳极和阴极之间所加电压一定时，光通量与光电流之间的关系称为光电管的（　　）
   A. 伏安特性　　B. 光照特性　　C. 光谱特性　　D. 频率特性

3. 光敏电阻的相对灵敏度与入射波长的关系称为（　　）
   A. 伏安特性　　B. 光照特性　　C. 光谱特性　　D. 频率特性

4. 光敏电阻的亮电阻、亮电流、暗电阻、暗电流与有无光照的关系是（　　）
   A. 有光照时亮电阻很大
   B. 无光照时暗电阻很小
   C. 无光照时暗电流很大
   D. 受一定波长范围的光照时亮电流很大

5. 基于光生伏特效应工作的光电器件是（　　）
   A. 光电管　　　B. 光敏电阻　　C. 光电池　　　D. 光电倍增管

6. 什么是光电传感器？光电传感器的基本工作原理是什么？

7. 光电传感器的测量光路有哪些形式？

8. 光电传感器中的光接收器件有什么作用？典型的光接收器件有哪些？

9. 简述光电传感器的组成及其优点。

本章综合检测卷

一、选择题

1. PN 结加正向电压时，空间电荷区将（　　）

   A. 变窄　　　　B. 基本不变　　　　C. 变宽　　　　D. 不确定

2. 稳压管的稳压区工作在（　　）

   A. 正向导通区　　B. 正向死区　　C. 反向截止区　　D. 反向击穿区

3. 当温度升高时，二极管的反向饱和电流将（　　）

   A. 增大　　　　B. 不变　　　　C. 减小　　　　D. 随机变化

4. 下列关于光电效应的说法正确的是（　　）

   A. 金属的逸出功与入射光的频率成正比

   B. 光电流强度与入射光强度无关

   C. 用不可见光照射金属一定比用可见光照射金属产生的光电子的最大初动能要大

   D. 任何一种金属都存在一个"最大波长"，入射光的波长必须小于这个波长，才能产生光电效应

5. 入射光照到某金属表面发生光电效应，若入射光的强度减弱，而频率保持不变，则下列说法正确的是（　　）

   A. 从光照射到金属表面上到金属发射出光电子之间的时间间隔将明显增加

   B. 逸出光电子的最大初动能减小

   C. 单位时间内从金属表面逸出的光电子数目将减少

   D. 有可能不发生光电效应

6. 下列说法正确的是（　　）

   A. 金属内的每个电子可以吸收一个或一个以上的光子，当它积累的动能足够大时，就能从金属逸出

   B. 如果入射光子的能量小于金属表面的电子克服原子核的引力逸出时需要做的最小功，光电效应无法发生，但若换用波长更长的入射光子，则有可能发生光电效应

   C. 发生光电效应时，入射光越强，光子的能量就越大，光电子的最大初动能越大

   D. 由于不同金属的逸出功是不同的，因此使不同金属产生光电效应的入射光的最低频率也不相同

7. 用光照射金属表面，没有发射光电子，这可能是因为（　　）

   A. 入射光强度太小　　　　　　　　B. 光的频率太低

C. 光的波长太短　　　　　　　　　D. 照射的时间太短

8. 钠在紫光照射下，发生光电效应并形成光电流，若减小紫光的强度，则随之减小的物理量是（　　）

　　A. 光电子的最大初动能　　　　　　B. 光电流强度
　　C. 紫光光子的能量　　　　　　　　D. 钠的极限频率

9. 用绿光照射一光电管的阴极时，发生光电效应，欲使光电子从阴极逸出时的最大初动能增大，应采取的措施是（　　）

　　A. 增大绿光的强度　　　　　　　　B. 增大加在光电管上的正向电压
　　C. 改用紫光照射　　　　　　　　　D. 改用红光照射

二、判断题

10. 因为 N 型半导体中的多数载流子是自由电子，所以它带负电。　　　　　　（　　）

11. 热电偶测量温度需要一种参考温度点，称为热电偶接头温度。　　　　　　（　　）

12. PT100 是一种负温度系数的金属热电阻，其电阻值在 0 ℃时为 100 Ω。　　（　　）

13. 红外线温度计是一种常见的接触式温度传感器。　　　　　　　　　　　　（　　）

三、填空题

14. 在本征半导体中加入_____元素可形成 N 型半导体，加入_____元素可形成 P 型半导体。

15. 光照射到金属表面上，能使金属中的_____从表面逸出，这种现象称为_____，逸出的电子也叫_____。

16. 在利用光电管做光电效应的实验中，能否产生光电效应由_____决定，光电流强度的最大值由_____决定。

四、简答与计算题

17. 某种金属的逸出功是 1.25 eV，为了使它发生光电效应，照射光的频率至少应为多少？

18. 某单色光源的输出功率为 1 W，单色光的波长为 0.6 μm，该光源每秒发射的光子数约为多少个？（保留两位有效数字）

19. 能否将 1.5 V 的干电池以正向接法接到二极管两端？为什么？

20. 金属热电阻、热敏电阻和热电偶这三类温度传感器的优缺点各是什么？

21. 什么是温度传感器的线性度？线性度对温度测量有什么影响？

22. 比较光敏电阻和光敏二极管的光照特性有何不同，它们各自适用于什么场合？

23. 什么是光电导效应？什么是光生伏特效应？对应的光敏元件各自有哪些？

第 11 章 交变电流与安全用电

第 1 节 交变电流的描述

一、核心素养发展要求

1. 知道交变电流与直流电流的区别，了解交流发电机的工作原理。知道在生产、生活中交变电流与直流电流可以相互转化。

2. 观察交变电流的电压波形，了解正弦或交变电流的图像，了解描述交变电流变化规律的方法。

3. 通过手摇发电机产生交变电流的实验活动，探究交变电流的规律，在探究活动中提高实践意识和操作能力。

4. 了解交变电流的应用对科技发展的推动作用，体会科学、技术、社会、环境之间的关系。

二、核心内容理解深化

（一）正弦式交变电流

按正弦规律变化的交变电流称为正弦式交变电流（简称正弦电流），正弦式交变电流是由交流发电机产生的。当线圈绕组在匀强磁场中以角速度 ω 绕固定转轴转动时（从线圈平面与磁场方向垂直时开始转动），线圈绕组中产生的感应电动势按正弦规律变化，感应电动势的瞬时值为 $e=E_\mathrm{m}\sin\omega t$。表达式中 E_m 为感应电动势的最大值，对应时刻是线圈平面与磁场方向平行时，ω 为线圈绕组转动的角速度，$\omega=\dfrac{2\pi}{T}=2\pi f$。

交变电流的大小随时间做周期性变化，没有一个固定的数值，我们只知道它存在最大值，最大值不适用于表示交流产生的效果。因此，在实际工作中通常用有效值来表示交变电流的大小和产生的效果。交变电流的有效值是根据电流的热效应来规定的，让交变电流和直流电流分别通过相同阻值的电阻，如果在相同的时间内它们产生的热量相等，就把这一直流电流的数值叫作这个交变电流的有效值。通过实验与计算得到，交变电流的最大值是有效值的$\sqrt{2}$倍。

三、学以致用与拓展

例题 有一台发电机产生正弦式交变电流,该发电机产生的感应电动势的峰值 $E_m=400$ V,线圈匀速转动的角速度 $\omega=314$ rad/s,设线圈从与磁场垂直的位置开始转动。

(1) 试写出感应电动势瞬时值的表达式,并求出该感应电动势的频率和周期;

(2) 画出该感应电动势的波形图。

分析 (1) 线圈从与磁场垂直的位置开始转动,表示感应电动势从0开始变化,感应电动势瞬时值的表达式为 $e=E_m\sin\omega t$。将最大值 E_m 和角速度 ω 代入表达式,可得到该发电机产生感应电动势的瞬时值。由 $\omega=2\pi f$ 可以求出周期和频率。

(2) 根据感应电动势的峰值 E_m 和周期,可以画出该感应电动势的波形图。

解 (1) 由于 $E_m=400$ V,$\omega=314$ rad/s,所以 $e=400\sin(314t)$ V。

根据公式 $\omega=2\pi f$,可得到 $f=\dfrac{\omega}{2\pi}\approx\dfrac{314}{2\times 3.14}$ Hz$=50$ Hz,$T=\dfrac{1}{f}=0.02$ s。

(2) 由该感应电动势的峰值为400 V,周期为0.02 s,线圈从与磁场垂直的位置开始转动这三个条件,可以画出该感应电动势的波形图,如图11.1.1所示。

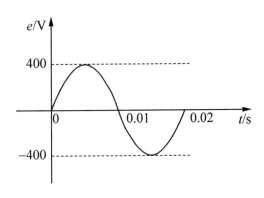

图 11.1.1

反思与拓展 角速度、周期、频率三个物理量都是描述发电机线圈转动快慢的物理量。周期 T 为线圈转动一周所用的时间,而转动一周对应的角度为 2π,所以角速度 $\omega=\dfrac{2\pi}{T}=2\pi f$。

四、学科素养测评

1. _____和_____随时间_____变化的电流称为交变电流。

2. 一正弦电流的频率为 $f=50$ Hz,则周期为_____,角速度为_____。

3. 我国照明线路的电压是220 V,则其有效值为_____,最大值为_____。

4. 下列关于交变电流的描述正确的是(   )

A. 使用交变电流的用电器上所标的电压值和电流值是该交变电流的峰值

B. 用交流电流表和电压表测得的读数是交变电流的瞬时值

C. 给出的交变电流的电压值和电流值,在没有特别说明的情况下都是指有效值

D. 交变电流不可以转化成直流电流

5. 下列电流随时间变化的图像中,属于交变电流的是( )

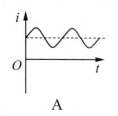 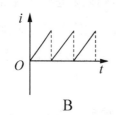 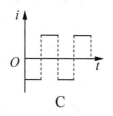 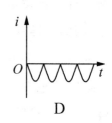

A   B   C   D

6. 一电容器的耐压值为 250 V,把它接入正弦电流中使用,加在它两端的交流电压的有效值可以是( )

 A. 150 V   B. 180 V   C. 220 V   D. 以上均可

7. 交流电流表测量的数值是( )

 A. 最大值   B. 有效值   C. 瞬时值   D. 平均值

8. 我国电力系统的交流标准频率(简称工频)为( )

 A. 50 Hz   B. 60 Hz   C. 100 Hz   D. 314 Hz

9. 有一台交流发电机产生的感应电动势的瞬时值为 $e=50\sin(314t)$ V,试画出该电动势的波形图。

10. 一只电炉接在电压有效值为 220 V 的交流电源上。求:

(1) 电炉使用时,发热元件两端电压的最大值;

(2) 如果发热元件的电阻为 10 Ω,通过该元件电流的有效值;

(3) 该电炉使用 2 h 消耗的电能。

第 2 节 三相交变电流

一、核心素养发展要求

1. 了解三相交变电流的产生原理及其特点,知道三相交流电源的星形连接方式。了解三相交变电流在生产、生活中的广泛应用。

2. 通过了解三相交流发电机的结构实践活动,解释其工作原理,提升实践能力。

二、核心内容理解深化

三相交流发电机中三个线圈产生的感应电动势瞬时值的表达式分别为

$$e_1 = E_m \sin(\omega t),\ e_2 = E_m \sin(\omega t - 120°),\ e_3 = E_m \sin(\omega t + 120°)$$

这样的三个电动势称为对称三相电动势,它们的波形图如图 11.2.1 所示。从波形图中可知,三个线圈产生的电动势到达峰值的次序为 e_1、e_2、e_3,我们将这样的次序称为相序。

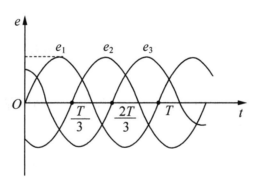

图 11.2.1

三相交流发电机产生的三个电动势是独立的,但是它们的频率、最大值是相同的,只是到达最大值的次序不同。如果三个电动势单独对外供电,不仅浪费导线,而且只能提供一种电压模式。将三相交流电源进行星形连接后,由三根相线与一根零线对外供电,组成三相四线制供电方式。对外提供两种电压模式,即相电压与线电压,且线电压为相电压的 $\sqrt{3}$ 倍。

三、学以致用与拓展

例题 某三相四线制低压供电系统，相电压瞬时值为 $u_1 = 156\sin(\omega t)$ V。一标有"220 V　100 W"的灯泡接在该相电压上，该灯泡能否正常工作？该供电系统的线电压是多少？

分析 由相电压瞬时值的表达式可知该相电压的最大值，再根据相电压的最大值与有效值之间的关系，可以得到该供电系统相电压的有效值，最后将灯泡的额定电压与该相电压的有效值进行比较，就可以知道灯泡能否正常发光；由线电压是相电压的 $\sqrt{3}$ 倍可以求出线电压。

解 由 $u_1 = 156\sin(\omega t)$ V 可得 $U_m = 156$ V。因为 $U = \dfrac{U_m}{\sqrt{2}} \approx 110$ V，可知相电压的有效值为 110 V，而灯泡的额定电压是 220 V，所以灯泡不能正常发光；由线电压与相电压的关系得 $U_L = \sqrt{3} U_P \approx 190$ V。

反思与拓展 三相交流电源的每个相电压可以单独对外供电，正常工作状态下，用电器接在一个相电压上时不受其他两个相电压影响。

四、学科素养测评

1. 三相交流电源是由三个单相电源按照一定方式组合而成的，这三个单相电源的 _____ 和 _____ 相同。

2. 我国低压三相四线制供电方式供给用户的线电压是 _____ V，相电压是 _____ V。

3. 下列对三相交流发电机产生的三个电动势描述正确的是（　　）
   A. 它们同时达到最大值
   B. 它们的周期相同
   C. 它们的频率不同
   D. 因为它们的空间位置不同，所以最大值不同

4. 某三相四线制供电系统的两根相线之间的电压是 380 V，则相线与中性线的电压为（　　）
   A. 相电压，有效值为 380 V 　　B. 线电压，有效值为 380 V
   C. 线电压，有效值为 220 V 　　D. 相电压，有效值为 220 V

5. 采用星形连接的三相四线制供电系统，其电流频率是 50 Hz，线电压是 380 V，则（　　）
   A. 线电压的最大值是 380 V 　　B. 线电压的瞬时值是 380 V
   C. 相电压的有效值是 220 V 　　D. 电流周期是 0.2 s

6. 已知某三相电源的相电压是 6 kV，线圈绕组转动的角速度为 314 rad/s，线圈绕组接成星形，写出三个相电压瞬时值的表达式。

7. 在三相四线制供电系统中，三个单独的相电源为什么可以用四根导线供电？

8. 在三相四线制供电系统中，能否在中性线上接保险丝或者开关？为什么？

第3节 安全用电

一、核心素养发展要求

1. 了解电流对人体作用的机理和人体触电的三种形式。学习预防触电的安全措施，了解触电急救的方法。能将安全用电和节约用电的知识应用于生产、生活实际中。

2. 通过学习安全用电常识和触电救护方式，增强安全用电意识，提升触电急救能力。

二、核心内容理解深化

（一）电流对人体的伤害等级

电流对人体的伤害程度主要与通过人体的电流的大小和持续时间有关。通常按电流的大小和持续时间将电流对人体的伤害分为四个等级。

(1) 当通过人体的电流小于 0.5 mA 时，基本无害，0.5 mA 属于感觉界限。

(2) 当通过人体的电流为 20 mA 时，人体就很难摆脱带电体，其中 10 mA 属于摆脱电流极限。

(3) 当通过人体的电流达到 50 mA 时，就会危及人身安全。

(4) 当通过人体的电流达到 100 mA 及以上时，短时间内人就会窒息死亡。

（二）单相触电与两相触电的区别

低压供电系统通常采用三相四线制供电方式，即提供相电压和线电压两种电压模式。当人体接触到一根相线并和大地或者零线构成回路时，人体承受的是相电压，即单相触电；当人体不同部位接触到两根相线时，人体承受的是线电压，即两相触电。在同一供电系统中，线电压高于相电压，所以两相触电更危险。

三、学以致用与拓展

例题 下列关于决定触电伤害程度的因素的说法不正确的是（　　）

A. 与触电电流的大小、频率有关

B. 与触电时间的长短有关

C. 与电流通过人体的路径有关

D. 与触电者的年龄和健康状况无关

分析 触电对人体的伤害程度主要和通过人体的电流的频率、大小、持续时间、流过人体的路径及人体的年龄和健康状况有关。

频率为 50～100 Hz 的电流对人体的伤害最大；当流过人体的电流超过 50 mA 时，可导致死亡；电流流过大脑或心脏最为危险。触电对儿童与老人的危害更大，所以 D 选项不正确。

答案 D

反思与拓展 还有一些其他因素影响电流对人体的伤害程度，比如人体的电阻，人体的电阻高，流过人体的电流就小，对人的伤害程度就轻。而人体的电阻受多种因素影响，如空气湿度、年龄、性别等。

四、学科素养测评

1. 人体触电按伤害程度可分为_____和_____两类。

2. 若触电者的呼吸和心跳均停止，应立即按_____进行抢救。

3. 下列关于触电现象的表述正确的是（   ）

   A. 只要有电流流过人体，就会发生触电

   B. 只要人体不接触带电体，就一定不会发生触电

   C. 只要人体接触到火线，就会发生触电

   D. 触电是指一定强度的电流流过人体，并带来伤害

4. 当遇到别人发生触电事故时，不应该采取的措施是（   ）

   A. 立即用手扶起触电者

   B. 快速关闭电源开关，或者用绝缘物体挑开触电者身上的电线

   C. 立即呼叫120急救服务

   D. 发现触电者呼吸、心跳停止，立即进行心肺复苏

5. 某同学站在干燥的木凳上检修家庭电路，下列操作比较危险的是（   ）

   A. 一手握住零线，一手扶在水泥墙上   B. 双手握住火线

   C. 一手握住火线，一手扶在水泥墙上   D. 双手握住零线

6. 在检修用电设备时，最好的安全措施是（   ）

   A. 站在凳子上操作   B. 趁停电时操作

   C. 切断电源   D. 戴手套操作

7. 在生活中哪些情况会导致电气火灾发生？

8. 勤俭节约是中华民族千百年来的传统美德，而节约能源、节约用电是每一位公民的社会责任。结合所学知识，说说在平时的生活中我们应该如何节约用电。

本章综合检测卷

一、选择题

1. 下列关于电阻、电感、电容器对电流的作用的表述正确的是（   ）

   A. 电阻对直流和交流的阻碍作用相同

   B. 电感对直流和交流都有阻碍作用

   C. 电容器对直流和交流的阻碍作用相同

   D. 电容器的两极板间是绝缘的，所以电容器所在的支路一定没有电流通过

2. 如图所示的电路中，当开关闭合时，小灯泡将（   ）

   A. 不亮

   B. 逐渐变亮

   C. 逐渐变暗

   D. 变亮且亮度不变

   第 2 题图

3. 人们常说的交流电压 220 V 是指交流电压的（   ）

   A. 最大值　　　B. 有效值　　　C. 瞬时值　　　D. 平均值

4. 触电事故中最危险的一种是（   ）

   A. 电烙印　　　B. 皮肤金属化　　　C. 电灼伤　　　D. 电击

二、填空题

5. 正弦式交变电流是指电流随时间按_____规律变化的电流。

6. 电容器对直流有_____作用。

7. 三相交流发电机绕组的三个末端连接的点称为_____。

8. 三相四线制是由_____和_____组成的供电方式。

9. 人体常见的触电形式主要有_____、_____、_____三种。

三、计算与简答题

10. 日光灯正常工作时，要使日光灯管两端电压低于 220 V，主要靠电路中日光灯管与镇流器串联，你知道其中的物理原理吗？

11. 一个标有"220 V　60 W"的灯泡能接在 220 V 的交流电源上吗？那么一个耐压值为 220 V 的电容器可以接在 220 V 的交流电源上吗？为什么？

12. 已知一个纯电阻上的电压为 $u=10\sin(314t)$ V，测得该电阻上消耗的功率为 10 W，求该电阻的阻值。